초등 필수
공부템

두 아이 의대 맘이 전하는

초등 필수
공부템

김민주 지음

BM (주)도서출판 성안당

요즘 대학 입시는 의대가 대세다. 전국 1등부터 줄을 세우면 앞에서부터 의대에 진학한 후 서울대, 연대, 고대도 가고 카이스트도 간다고 할 만큼, 의대 들어가기가 힘들다. 2022학년도부터 약대가 학부 6년제로 전환되면서 의료 계열 인기가 더욱 상승했다. '전교 1·2등, 내신 1등급, 수능 고득점'은 의대 가기 필수 요건으로 불린다. 의대를 목표로 공부한다는 것은 꼭 의대가 아니더라도 이공계 최상위권을 선점한다는 의미로, '일단 의대를 목표로 공부해 보고'가 우선적인 목표가 되었다.

나는 두 자녀를 모두 의대에 보냈다. 리수, 리한 두 아이는 영재 학교도 가고, 의대도 갔다. 첫째 리수는 피겨 스케이팅 선수가 되고 싶었다가, 과학자도 되고 싶었다가, 한의사도 되고 싶었다가 여러 차례 꿈이 바뀌었다. 중학생 때는 생명 공학자가 되겠다고 영재 학교에 진학했는데, 고등학생 때는 뇌 과학자가 되고 싶어 했다. 최종적으로 의대 진학을 결심했지만, 진로를 의대로 결정하고 공부했던 것은 아니고, 하고 싶은 공부를 좇다 보니 의대에 가게 되었다. 둘째 리한이는 과학자, 변호사, 소프트웨어 개발자로 꿈이 바뀌다가 대학에 한 차례 실패하면서 목표를 높게 잡기 위해 '일단 의대를 목표로 공부해 보고' 공부하다 의대에 가게 되었다.

아마 처음부터 엄마가 의대에 가라고 엄마 주도로 리드했으면 이루지 못했을 결과일지도 모른다. 아이가 하고 싶은 것을 실컷, 충분히, 많이, 즐겁게 할 수 있게 밀어주었기에 갈등의 상황에서도 자신이 하고자 하는 바를 생각하여 그런 선택을 했다. 의대에 가기 위해 엄마와 자녀가 전속력으로 달렸다기보다는, 자신이 가고 싶은 미래를 위해 그때그때 노력하다 보니 스스로 만족하는 좋은 결과를 얻었다. 공부를 잘하기 위해서 가장 중요한 것은 무엇보다 자기가 하고 싶은 대로, 눈앞에 있는 목표를 향해 열심히 달리는 것이다.

자녀의 고등학교 입시와 대학 입시 여섯 번, 학원에서 일할 때 영재 학교, 과학고 입시 여덟 번을 치르면서 나는 자연스럽게 대입, 고입의 전문가가 되었다. "의대에 가려면 고등학교 선택은 어디로 해야 돼요?", "경시 공부를 해야 할까요?", "초등학생인데, 공부 비결 좀 알려 주세요." 등등 주변에서 질문을 많이 받았다. 중학생 학부모라면 질문에 금방 답해 줄 수 있는데, 초등학생 학부모께는 들려주고 싶은 이야기가 많아 고민을 했다. '의대 가기 위해, 공부를 잘하기 위해 초등학생 때 꼭 필요한 공부가 무엇인지 어떻게 알려 줄 수 있을까? 책으로 써 볼까? 리수, 리한이의 이야기는 물론, 내가 코칭한 학생들 이야기도 함께 담아서 초등 필수 공부템을 만들면 초등 공부에 막연한 분들에게 도움이 될 거야.' 라고 생각했다.

'긍정마음, 꿈, 책 읽기, 공부재능' 네 가지가 가장 먼저 떠올랐다. 엄마가 주도하지 않으면서도 살짝 건드려 주고, 아이를 존중하면서도 사실은 영향력을 끼치는 그 미묘한 관계와 성공의 참 비결을 1장부터 4장까지 담았다. 전체의 그림이 보일 수 있도록 7장에 초1~중3 '마스터플랜' 도 실었다. 이 책 하나만으로도 초등 공부는 퍼펙트하게 달성할 수 있도록 핵심만 실었고, 큰 그림을 그리고 하고 싶은 마음이 들도록 실제 사례를 생생하게 담았다.

리수, 리한이의 이야기뿐 아니라 학원에서 영재 학교, 과학고 진학을 지도했던 학생들 이야기, 개인 코칭을 했던 아이들의 이야기도 담았다. 아이들은 자기가 진정으로 하고 싶은 일을 선택하면 중간에 실패도 있고, 아픔도 겪겠지만 결국엔 자기가 하고자 하는 곳으로 향한다. 실패하더라도 영재 학교, 과학고나 의대 등 목표를 향하여 가는 것은 중요하다. 지금 눈앞에 당장 하고 싶은 것이 있고 목표가 있어야 최선을 다하고, 최고의 에너지를 발산할 수 있으며, 자신의 능력을 한계점 이상으로 끌어올릴 수 있다. 능력 이상을 발휘할 수 있는 5장 '실패의 기회' 와 6장 '용기' 를 참고하면 누구나 '불가능' 을 '가능' 으로 만들 수 있다.

나는 두 아이에게 "공부 잘해라.", "성적은 잘 받아야지.", "공부로 성공해라."라는 강제적이고 지시적인 말들을 하지 않으려 노력했다. 잘하거나 못하거나 성공하거나 실패하거나 하는 것은 아이들의 몫이었다. 어떤 결과가 있더라도 비난하거나 과도하게 칭찬하지 않았고, 못할 땐 스스로 할 때까지 기다려 주었다. 언젠가는 아이가 스스로 자신의 길을 찾고 능력을 발휘할 것이라 굳게 믿었다. 아이가 공부를 힘들어할 땐 옆에서 함께 책도 읽고 자격증 공부도 했다.

다른 학생들의 이야기도 마찬가지다. "여러 개의 학원을 다니니 힘들어요."라고 하면 "그럼 학원을 그만두세요."라고 했고, "사춘기에 반항하는데 어떡하죠?"라고 물으면 "스스로 공부할 때까지 기다려 주세요."라고 했고, "자기소개서를 못 쓰는데 어떡하죠?"라고 하면 "단점을 장점으로 바꾸어서 쓰면 돼요."라고 항상 긍정으로 말해 주었다. 잘하라고, 똑바로 하라고, 그렇게 안 하면 못 간다고, 그래 가지고 되겠냐고 하는, 시키고 지시하고 협박하고 비난하는 말로는 마음을 움직일 수 없다. 아이들이 공부를 하게 하려면, 스스로에게 하고 싶은 마음의 울림이 있어야 한다. 마음의 울림은 '존중, 신뢰, 협력, 자기 주도'의 토양에서 자란다.

하고 싶은 것이 있고, 잘하고 싶으면 꾸준히 노력하면 된다. 될 때까지 하면 반드시 이룰 수 있다. 아이들이 중간에 포기하는 것은 옆에서 어른들이 안 될까 봐, 못할까 봐, 실패할까 봐, 고생할까 봐 미리 정하고, 알려 주고, 판단하고, 비난해서다. 조금 시간이 걸리더라도 아이 스스로 할 수 있는 기회를 주면 우여곡절을 겪으면서도 하고 싶은 것은 하게 마련이다. 이 책을 통해서 시키고 잘하라고 밀어붙이는 자녀 교육이 아닌, 존중해 주고, 기다려 주고, 보듬어 주는 자녀 교육을 하셨으면 좋겠다.

이 책은 자녀가 의대에 가고 싶다고 하는 엄마에게는 더할 나위 없이 좋은 참고가 될 책이고, 자녀의 뜻은 아직 모르겠지만 엄마는 의대에 보내고 싶을 때도 볼 만한 책이며, 꼭 의대가 아니더라도 최상위권에 들기 위해 초등 6년 공부를 어떻게 해야 할지 감이 오게 돕는 책이다.

처음 책을 읽을 땐 한 번에 끝까지 읽어 '나도 하고 싶은 마음'을 가지면 좋겠고, 다음 책을 읽을 땐 옆에 두고 필요한 부분만 다시 보면서 '따라 하기'를 하면 좋겠다. 각 장의 마지막 절에 셀프 체크가 있으니 스스로를 점검해 보고, 각 장마다 안내되어 있는 '솔루션'을 따라 하다 보면 변화하는 자신과 자녀를 발견할 수 있을 것이다.

저자 김민주

차례

Chapter 1

공부가 하고 싶어지는 '긍정마음'

Chapter 2

공부에 푹 빠지게 만드는 '꿈'

Chapter 3

공부 잘하는 기초를 만드는 '책 읽기'

Chapter 4

공부 실력을 완성시켜 주는 '공부재능'

Chapter 5

공부 한계점을 뛰어넘는 '실패의 기회'

Chapter 6

불가능한 미래를 가능하게 바꾸는 '용기'

Chapter 7

1등급 만드는 초1~중3 '마스터플랜'

Chapter 1

공부가 하고 싶어지는
'긍정마음'

공부 잘하고 싶은 마음은
어떻게 만들어요?

01
스스로 생각하는
'나는 공부 잘하는 아이야!'

첫째 리수는 의대 본과 3학년이다. 리수는 여섯 살 때부터 의사가 되고 싶다고 했고, 나 또한 자녀 공부에 욕심이 많아 '학교 가면 공부를 잘하게 해 줘야지. 지금부터 미리 준비해야겠어.' 싶어 다섯 살 때부터 꾸준히 국어, 수학 학습지를 하게 했다. '초등 2학년 수학 정도는 학습지만 해도 충분하겠지?' 라고 생각했는데 뜻밖에도 리수가 학교에서 본 수학 시험에서 80점을 맞아 왔다. '의대에 가고 싶다면 100점은 맞아야지. 웬 80점?' 이라고 생각했던 나는 조금 실망했다.

"리수야, 수학 시험을 왜 잘 못 봤어?"
"수학이 어려워요."

학습지를 시키고 있었는데도 '어렵다'고 하는 상황이 생기다 보니 공부를 좀 더 해야겠다 싶어 학습지는 끊고, 내가 문제집을 사서 공부를 시키기 시작했다. 매일 몇 쪽씩 풀어 놓으면 채점하고 가르쳐 주려고 했는데, 학교에 다녀오면 그림도 그리고, 책도 읽고, 영어 숙제도 하느라 수학 문제집 진도는 그리 잘 나가지 않았다. 나 또한 아이들 간식 챙기고, 영어 공부 챙기고, 놀아 주다 보면 수학 문제집은 한다고는 해 놓고 늘 뒷전이었다.

겨울 방학이 되어 '이번 방학에는 어떤 계획을 세울까?' 생각하다가 밀린 수학 문제집이 생각나서 '그래, 이번 방학에는 밀린 수학 문제집을 다 풀자.'라는 계획을 세웠다. 수학 문제집은 기본, 심화 총 2권으로 2단원 정도까지만 좀 풀다가 말았었다. 각 권 모두 하루에 2쪽씩 풀기로 했다.

사실 수학 문제집을 풀다 만 이유는 리수가 꼬박꼬박 하지 않기도 했지만, 안 풀어 놓은 것을 보면 내가 매번 화를 내고 리수에게 나쁜 말을 해 대어 그만두었다. "이것도 몰라?", "문제집 풀라고 몇 번을 말해!" 나는 독박 육아에 지쳐 스트레스가 항상 차올라 있었고, 그 화는 늘 수학 문제집을 안 풀어 놓거나 풀어 놓더라도 답을 틀린 리수에게 향하였다. 아이에게 화를 내지 않으려면 공부를 그만두는 수밖에…. 그래서 수학 문제집은 책장이 덮인 채 그대로 남아 있었다.

2학년 수학 문제집을 2학년 겨울 방학 때 푸니 예상보다 훨씬 수월했다. 문제를 푸는 족족 매번 다 맞으니 나는 "왜 안 했어!", "이것도 몰라?"라는 말을 하지 않아도 되었다. 매번 "잘했어!" 칭찬을 받다 보니 리수도 약속을 아주 잘 지켰다. 아마도 아직 공부할 준비가 되지 않은 아이에게 무리하게 예습을 시키려다가 나는 화를 내고, 리수는 혼날까 봐 공부를 하기 싫은 순간이 반복되었던 것 같다. 이미 공부한 내용을 복습하니 리수는 늘 칭찬받으며 기쁘게 공부를 할 수 있었다.

복습의 효과는 초등 3학년이 되어 첫 진단 평가를 보고 나서 드러났다. 3학년이 된 지 얼마 되지 않던 어느 날, 나는 담임 선생님께 전화를 받았다.

"어머니, 일주일에 한 번 리수랑 같이 시간 내실 수 있으시지요? 초등 저학년 '과학 공동 학습'이라고 엄마와 아이가 함께 과학 수업을 받는 거예요. 제가 리수를 추천하려고요."

"네, 시간은 낼 수 있어요. 그런데 학교에서 수업을 받아요?"

"동부 교육청 과학관에 가서 수업해요. 그래서 어머니께서 데리고 가 주실 수 있으셔야 해요. 한 학교에서 1명만 대표로 가요."

"학교 대표만 가는 건데 리수가 가능할까요?"

"일단은 교내 시험은 봐야 해요. 제가 먼저 추천하고, 어머니께서 신청하시면 시험을 봐서 대표 1명만 선발해요. 신청하실 거죠?"

"할 수 있을까요?"

"리수가 이번에 진단 평가에서 모두 100점 맞고 반 1등을 했어요. 아마 할 수 있을 거예요. 가능할 거라서 추천해요."

나는 깜짝 놀랐다. 수학이 어렵다고 했던 리수가 100점이라니! 지난 방학 때 열심히 밀린 수학 문제집을 풀었던 것이 생각났다. '복습이 이렇게 효과가 있구나! 역시 복습하길 잘했어!' 리수는 학교 대표 선발 시험에서 1등을 하고, 초등 저학년 '과학 공동 학습'을 1년 동안 다닐 수 있었다. 그때부터 리수는 '나는 공부 잘하는 아이야.', '나는 학교 대표로 과학 공부를 해.' 라고 자연스럽게 자신이 '공부 잘하는 아이' 라는 '긍정마음' 을 갖게 되었고, 이후에도 공부를 잘하는 사람이 되기 위해 행동하고 노력하였다. 초등학교 시절에 공부에 대해 긍정마음을 갖게 해 주는 것은 나중에 공부를 잘하고 못하고를 결정하는 중요한 요인이 된다.

　　미국 최초의 흑인 대통령 버락 오바마는 초등 3학년 때 꿈에 대한 글짓기를 할 때 '대통령이 되어 모두를 행복하게 만들고 싶다.' 라고 썼다. 어린 시절 오바마의 어머니와 오바마는 '미국 최초의 흑인 대통령이 될 거야!' 라며 농담을 자주 주고받았다고 한다. 사실 오바마는 어머니는 미국인, 친아버지는 케냐인, 새아버지는 인도네시아인으로 가족의 피부색이 모두 다르다는 이유로 어린 시절 주변의 따가운 시선을 받았고, 어디에서도 환영받지 못하는 자신에 대해 정체성 혼란에 시달렸다. 아무도 오바마가 대통령이 될 것이라 생각하지 않았지만, 오바마 자신과 어머니는 '미래의 대통령' 이라는 긍정마음을 확립했고, 그 생각이 오바마로 하여금 대통령이 되기 위한 행동을 하게 만들었을 것이다.

　　초등 저학년 때부터 자신에 대해 '긍정마음' 을 갖는 것은 매우 중요하다. 내가 나를 어떻게 인식하고, 정의하며, 규정짓느냐에 따라 미래에 자신의 모습이 달라질 수 있다. 조엘 오스틴은 《긍정의 힘》이라는 책에서 "사람은 생각하는 대로 살게 된다. 생각하지 않으면 사는 대로 생각하게 된다."라고 하였다. 아이는 자신의 정체성에 어떤 모습을 담는가에 따라 공부를 잘하게 될 수도, 공부를 못하게 될 수도 있다. '공부 잘하는 아이'라는 긍정마음은 앞으로 지속적으로 공부를 잘하게 만드는 버팀목이 될 수 있으므로, 초등 저학년에 이런 긍정마음을 만들어 놓으면 생각하는 대로 사는 훌륭한 효과를 발휘할 것이다.

'공부 잘하는 아이'가 되게 하려면, 초등 저학년 때 100점을 맞는 경험을 많이 하는 것이 좋다. 100점은 복습과 칭찬으로 만들 수 있다. 제 학년에 맞는 공부를 하게 하면서 쉬운 내용을 계속 반복 학습하면 언젠가는 100점에 이르게 되는데, 여러 번 나올 수 있도록 반복하면 된다. 중간에 틀린 문제가 있더라도 "이것도 몰라?"라고 비난하지 말고 "다시 잘해 보자!" 하며 다시 풀어 보고 연습시켜 주면서, 맞았을 때 "잘했어, 훌륭해!"라고 칭찬해 주면 훨씬 효과가 있다. 아이의 자신감이 충분히 차오를 때까지, 단위 영재나 학교 대표 같은 기회가 올 때까지 도와주면 '공부 잘하는 아이' 긍정마음이 훗날 아이를 지탱하는 힘이 될 것이다.

"공부 잘하는 아이 긍정마음은 앞으로 공부를 잘하게 해 줄 기초가 된다."

02
엄마는 내가 의대 갈 거란 걸
어떻게 알았어요?

리수가 '공부 잘하는 아이' 가 된 것은 맞지만, 의대를 어디 초등 3학년 성적으로 가는가? 꾸준히 고3 때까지 공부를 잘해야 한다. 초등 2학년 기본, 심화는 복습으로 어찌 넘어갔는데, 3학년 심화를 공부하면서부터 벽에 부딪혔다. 나는 리수가 의대 갈 정도는 아니라 생각했고, 그런 불안감이 아이를 닦달하게 만들었다. 불안감을 없애고 리수를 믿기 위해 나는 학습 코칭을 공부했고, 긍정적인 언어를 쓰려고 노력했다. 다행히 리수는 엄마가 자기를 믿는 줄 아는 든든함으로, 의대 합격이라는 성과를 이루었다.

의대에 합격한 후 리수가 나에게 물었다.

"엄마는 내가 의대 갈 거란 걸 어떻게 알았어요?"

"글쎄? 몰랐는데…."

"엄마는 내가 의대 가고 싶다고 했을 때, 반대하지 않았잖아요."

"그거야 자식이 한다니까 하게 해 준 거지. 될 거라고 믿었던 건 아니고, 믿는 척한 거야."

"나는 엄마가 믿는 줄 알았어요."

"안 믿어져서 엄마가 책 읽고 공부했지. 부정적인 말 안 하려고 엄청 참았어."

리수가 의사가 되고 싶다고 한 데다, 초등 저학년 과학 공동 학습에 다니게 되면서 공부를 더 잘하게 해 주려는 욕심에 초등 3학년부터는 수학 심화 공부를 본격적으로 시작했다. 매일 학습 분량을 정해 놓고, 리수가 공부를 마치면 채점을 해 주고, 틀린 문제를 가르쳐 주고 다시 풀게 했다. 리수는 한다고 하고는 늘 미루고, 딴짓을 했다. 8문제 중 6문제는 틀리고, 심지어 답을 베끼는 등 갈수록 의대 갈 아이는 아니라는 생각이 들었다. 처음엔 잔소리 정도에서 시작했으나 점점 더 화내는 강도가 높아졌고, 해서는 안 될 말들을 리수에게 쏟아 냈다. "공부부터 하라고 그랬잖아!", "몇 번을 말해야 알아들어!", "내가 누구 때문에 이 고생을 하는데!" 리수를 혼내고 나서는 또 죄책감에 울었다. '안 되겠어. 사랑하는 내 아이에게 내가 이래서는 안 돼. 무슨 방법을 찾아야 해.'

나는 마트에 장 보러 갈 때마다 서점에 들렀는데, 책을 둘러보던 중《화내는 부모가 아이를 망친다》라는 제목이 한눈에 확 들어왔다. '그래, 바로 저거야! 내가 사랑하는 내 아이를 망치고 있다고…. 어서 고쳐야 해.' 책을 사서 읽어 보니, 당장 내가 바뀌어야 한다는 생각이 들었다. 이후《부모코칭》,《아이를 바꾸는 학습코칭론》,《똑똑한 아이로 키우는 부모들의 대화기술》을 읽으면서 내 방법이 잘못됐다는 것을 깨달았고, 그때부터 내 방식을 바꾸어 나갔다.

　　우선 내가 하는 말부터 고쳤다. "공부부터 하자.", "참 잘했어.", "고마워." 등 예쁜 말들은 늘리고, "그것밖에 못해!", "몇 번을 말해!", "내 그럴 줄 알았다." 등 미운 말들은 줄였다. 행여나 나쁜 말들이 튀어 나갈까 봐, 틀린 문제를 내가 가르쳐 주던 방식에서 내가 풀이를 써 주고 아래에 빈칸을 만들어 리수가 풀이를 쓰는 방식으로 바꾸었다. 아이들이 학교에 가고 나면 2시간 정도는 꼬박 아이들이 틀린 문제의 풀이를 쓰고 나도 공부를 했다. 리수는 엄마가 정성을 들여서인지 글씨 쓰는 것이 서투른데도 곧잘 해냈다. 엄마가 화를 내지 않자 공부를 미루는 일도 줄었다.

　　그때부터 나는 리수의 공책 맨 앞 장에다 '엄마는 선생님'이라고 쓰고,

보다 전문적으로 아이 둘을 코칭하기 시작했다. 하루 계획표, 한 달 계획표를 리수와 함께 짜고 매일 동그라미를 치며 체크했다. 아이들이 공부를 잘 마치면 스티커를 주고, 100개를 모으면 선물을 사 주는 방식으로 바꾸었다. 사 준 선물이 주로 만화책이기는 하지만, 무턱대고 윽박지르고 화내고 지시하는 것보다 훨씬 효과가 있었다.

의사 되기가 어디 쉬운가? 의사가 되고 싶다고 하면 최선을 다해서 밀어주기야 하겠지만, 진짜로 의대에 갈 거라는 기대까지는 하지 않았다. 하지만 간절히 원하면 이루어진다고, 언젠가 리수는 꼭 의사가 될 거라 마음속으로 굳게 믿으려고 노력했다. 행여 엄마가 "의사가 돼라."라고 말하면 오히려 더 멀어질까 봐 말을 하지는 않았지만, 어렸을 때부터 '몸속 체험전', '인체의 신비전', '한방 체험전'에 데려가고, 수학 공부를 꾸준히 챙겨 주고, 과학을 좋아하게 해주고, 의사 관련 책을 사 주는 등 믿음이 녹아날 수 있게 환경을 만들어 주었고, 엄마의 불안이 전달되지 않도록 나쁜 말, 미운 말을 최대한 삼갔다. 의사가 되라는 말 몇 마디가 아닌, 의사가 되기 위한 환경을 만들어 주려고 최선의 노력을 다하면서 은근한 믿음을 전달했던 것이다.

피겨 스케이팅 김연아 선수는 어찌하여 올림픽 금메달, 사대륙 선수권대회, 세계 선수권 대회 1위를 석권하며 세계 최초로 올포디움을 달성할 수 있었을까?《아이의 재능에 꿈의 날개를 달아라》라는 책을 보면, 김연아 선수의 어머니 박미희 씨가 '미셸 콴' 같은 세계적인 피겨 스케이팅 선수를 꿈꾸는 딸을 위해 철저하게 준비 운동과 마무리 운동을 도와준 이야기가 나온다. 부상을 막으려면 충분히 몸을 움직인 후 빙판에 올라가야 하고, 연습이 끝난 후에는 근육을 정리해야 하는데 바쁜 스케줄에 쫓기고 연습에 지치다 보면 많은 피겨 스케이팅 선수들이 지상 훈련을 소홀히 한다고 한다. 김연아 선수의 어머니는 '금메달을 따라.' 라는 막연한 기대가 아니라 딸을 위해 지상 훈련을 엄격히 도와주었고, 행여 자신의 게으름 때문에 딸을 망치지는 않을까 싶어 최선을 다해 김연아 선수와 함께했다. 어머니의 실행력 있는 믿음이 함께했기에 김연아 선수는 상상하기도 어려운 업적을 이룰 수 있었다.

이렇듯 자녀의 꿈과 엄마의 믿음이 함께할 때 최선의 결과를 낳을 수 있다. 행여 안 될 것 같은 불안감이 엄습하더라도 엄마는 자녀에게 불안감을 전달해서는 안 된다. 아이는 자신이 부족한 것을 알더라도 나를 바보같이 믿는 엄마의 기대에 부응하고자 노력한다. 자녀의 일거수일투족 잘잘못을 따져 지적하고 고치려고 하는 엄마보다, 약간의 부족함과 실수를 알더라도 감싸 주고 인정해 주며 '너는 꼭 꿈을 이룰 거야.' 라고 믿어 주는 엄마가 현명하다. 엄마가 불안감을 전달하지 않고 자녀를 무조건 믿으려면, 엄마 자신이 자녀의 꿈을 이루어 주기 위해 최선을 다하면 된다. 꿈을 이루기 위한 각종 방법과 정보를 조사하고 공부하여 자녀에게 최고의 선생님, 코치, 매니저, 동행자가 되어 자녀의 기쁨과 슬픔, 성공과 실패를 함께하고 긍정적인 언어로 격려해 주면 믿음은 저절로 전달된다.

"엄마의 실행력 있는 믿음이 함께할 때 최선의 결과를 낳는다."

03
선생님이 예언하는 '과학자가 되어 국가 발전에 이바지하여라.'

둘째 리한이는 의대 본과 1학년이다. 리한이의 어릴 적 꿈은 과학자였다. 리수의 공부를 도와준다면서 '자녀와의 대화법'과 '학습 코칭론'을 한창 공부할 때 리한이와 '자아 정체감 찾기' 놀이를 했었다. 리한이는 그때 '좋아하는 것은 태권도, 잘하는 것은 수학, 미래의 꿈은 과학자'라고 적었다. 리한이의 포트폴리오를 만들면서 그 활동지를 맨 앞에 끼워 두었다.

리수의 꿈은 의사, 리한이의 꿈은 과학자다 보니 둘을 함께 데리고 체험하러 다니고, 공부시키기가 한결 수월했다. 두 가지 꿈 모두 수학, 과학을 잘하게 만들면 되니 말이다. 리수를 '몸속 체험전', '인체의 신비전'에 데리고 가거나 수학을 잘하라고 공부를 시키면 자연스레 리한이도 동행하였고, 공부도 함께 했다.

리수가 초등 저학년 과학 공동 학습을 하게 되면서 나는 의사의 꿈에 좀 더 가까이 가고자 과학과 관련된 활동을 시작했고, 교육과학연구원에서 개최한 '가족천체관측교실'에 가게 되었다. 홈페이지에서 예약을 할 수 있었고, 초등 3학년 이상부터 신청이 가능했으며, 가족이 함께 참여할 수 있었다. 프로그램은 굉장히 알찼다. 첫째 시간은 플라네타륨, 둘째 시간은 앙부일구 만들기, 셋째 시간은 달 표면 관측하기, 넷째 시간은 토성 관측하기였다. 우리는 수업 예정 시간보다 조금 일찍 도착하여 옆에 있는 학생 과학관을 둘러본 후 수업에 참여했다.

첫째 플라네타륨 시간에는 반구형 화면에서 상영되는 사계절 별자리에 관한 영상을 보았다.

둘째 앙부일구 만들기 시간에는 선생님이 앙부일구의 뜻, 역사, 구조, 시각에 대해 이야기를 해 주시고, 참가 학생에게 1개, 가족에게 1개 앙부일구를 만들 수 있는 두꺼운 종이로 된 도안을 주셨다. 리한이는 가족의 자격으로 초등 1학년인데도 참가할 수 있었고, 가족에게 주어진 도안을 리한이가 차지하였다. 한창 앙부일구를 만들고 있는데, 지도 선생님이 리한이를 보시더니 말을 걸어오셨다.

"몇 학년이지?"

"1학년이에요."

"여긴 초등 3학년부터 오는데, 1학년인데 어떻게 왔지?"

"누나랑 같이 왔어요."

"그랬구나. 만들기를 참 잘하네. 설계도를 아주 잘 읽어."

선생님은 리한이에게 "초등 3학년이 되면, 학교에서 과학 영재를 선발할 거야. 거기에 뽑히면 과학 교육을 받게 되거든. 꼭 과학 영재에 뽑히고, 과학자가 되어서 국가의 과학 발전에 이자비하여라."라고 하면서 나에게는 "어머니, 아이가 아주 영특해요. 과학자로 잘 키우세요."라고 말씀하셨다. 리한이는 굉장히 뿌듯해하며 미소를 띠우고 "네."라고 대답했다.

셋째 시간은 천체 관측실에서 망원경으로 달 표면을 관측하는 수업이었다. 선생님이 "저기 보이는 달 표면의 울퉁불퉁한 모양을 뭐라고 부르는지 아는 사람?" 하고 물었는데, 리한이가 가장 먼저 손을 번쩍 들더니 "저요!" 하고 외쳤다.

"저기 손 든 학생 뭐라고 하는지 말해 봐."

"크레이터요."

"대답한 학생 몇 학년이지?"

"1학년이에요."

"아주 잘했어. 형, 누나들을 다 제치고 1학년인 네가 말하다니 놀라운걸? 너 이다음에 과학자 되겠다. 꼭 과학자가 되어서 국가 발전에 이바지하여라."

"네."

한 번도 아니고 두 번씩이나 "과학자가 되어 국가 발전에 이바지하여라."라는 말을 듣다니! 옆에서 같이 듣고 있던 나는 리한이가 과학자의 꿈에 한발 다가간 것 같아 무척 흐뭇했고, 기뻤고, 자랑스러웠다. 그때부터 나는 리한이가 과학자가 될 것임을 믿어 의심치 않았고, 리한이 역시 과학자가 되기 위해 저절로 공부를 열심히 하게 되었다.

선생님이 아이에게 "과학자가 될 것이다.", "서울대에 갈 것이다.", "의사가 될 것이다."라고 말해 주는 것은 긍정마음 형성에 강력한 효과를 발휘한다. 이제 막 사회를 알게 된 지 얼마 되지 않은 아이들에게, 객관성을 띤 중요한 타인이 미래에 관해 점찍어 주는 것은 엄청난 영향을 준다. 선생님이 성적이 오를 것이라 기대하면 기대한 대로 성적이 오른다는 '피그말리온 효과' 같은 일이 발생하는 것이다. 선생님이 말해 준 나의 '미래에 대한 예언'은 그대로 아이의 마음속에 각인이 되어, 그 긍정마음을 지키기 위해 노력하는 신기한 현상이 실제로 이루어진다.

1997년에 제미슨은 '남들이 믿고 기대하는 대로 성장한다.'라는 것을 증명하기 위한 실험을 했다. 그녀는 두 개의 학급을 동시에 담당하는 선생님을 찾았다. 수업을 하기 전에 A반 학생들에게는 선생님이 예전 학교에서 인기가 많았고, 좋은 평가를 받았다는 칭찬을 했다. B반 학생들에게는 선생님에 대한 아무런 정보도 주지 않았다. 학년이 끝날 때쯤 학생들에게 선생님에 대한 평가를 하게 했는데, B반보다 A반이 선생님에게 훨씬 높은 점수를 주었다. A반 학생들은 선생님의 능력이 실제보다 높을 것이라고 믿었기 때문이다. 다시 말해 학생들은 선생님의 잠재력을 본 것이다. A반 학생들은 자신의 신념에 '속았다'. 사실 선생님은 더 나은 능력을 보여 주지 않았음에도, A반 학생들의 성적은 크게 향상되었다. 아이들의 성적이 오른 것은 선생님과 무관했다. 학생들이 선생님에게 큰 기대를 품으면서 선생님을 신뢰했고, 숨어 있던 잠재력이 밖으로 표출된 것이다.

자신이 잘할 것이라는 믿음과 기대를 받으면 아이는 그렇게 되기 위해 자신의 마음과 몸을 움직이게 되고, 실제로 잘하게 되는 일이 일어난다. 아이가 좋아하는 것을 찾아 꾸준히 하여 주변에서 인정을 받는 상황을 만들어 주면, 자신의 미래에 대한 긍정마음을 형성하는 데 큰 도움이 된다. 주변의 인정은 리한이의 경우처럼 말로 듣는 기대일 수도 있고, 상장일 수도 있고, 자격증일 수도 있고, 급수증일 수도 있다. 주변에서 잘한다는 믿음과 확신을 받으며 자란 사람은 뭐든지 잘하는 사람이 된다. 공부도 마찬가지다.

"자신의 미래에 대한 긍정마음을 가지면 공부도 잘하게 된다."

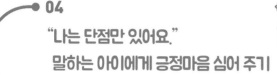

**"나는 단점만 있어요."
말하는 아이에게 긍정마음 심어 주기**

지헌이는 초등 6학년 겨울 방학에 나를 만났다. 초등 3학년 때부터 발명 영재였다는 지헌이는 수학을 잘하고 싶어 했는데, 학원 수업 태도가 산만하고 생각보다 실력이 향상되지 않아 고민이었다. 잘하고 싶기는 하면서 수업에는 집중하지 않는 지헌이를 위해 목표 설정, 공부 습관 코칭이 필요했다.

"지헌아, 너의 장점과 단점을 이야기해 보자."

"저는 장점은 없고 단점만 있어요."

"그런 사람이 어딨어? 누구나 다 장점이 있어."

"아녜요. 저는 단점만 있어요. 단점만 적을게요."

지헌이는 '수학을 못한다, 물건을 잘 부순다, 사회성이 없다.' 라고 단점을 적었다.

"장점도 꼭 적어야 해. 잘 생각해 봐."
"저는 물건을 잘 부수기도 하는데, 잘 고쳐요."

적으라고 건네준 볼펜이 망가졌다며 분해를 하더니 볼펜을 다시 연결하고 "이것 봐요. 고쳤어요."라며 자랑을 했다. 그러고는 장점에 '물건을 잘 고친다.' 라고 적었다.

"지헌이가 진짜 고치는 걸 잘하네. 이다음에 대단한 걸 발명해서 성공할 거야."
"아녜요. 저는 수학을 못해서 안 돼요."
"수학을 못하는 건 어떻게 알아?"
"제가 알죠. 반에서 꼴찌예요."
"수학을 잘하고 싶기는 하지?"
"네."
"잘하고 싶은 이유가 있어?"
"예전에 딱 한 번 1등 한 적이 있는데, 그때 기분이 좋았어요."
"1등 해서 좋았구나! 다시 해 보면 되겠네."
"아녜요. 저는 못해요."
"왜 못 해? 공부하면 되지."

"수학(상)(고등학교 1학년 수학)도 못 풀어요. 지수, 로그도 다 까먹었어요. 예전엔 수학2(고등학교 수학 선택 과목)까지 했는데, 지금은 하나도 몰라요."

"할 수 있어."

지헌이의 꿈은 발명가이다. 초등 3학년 때부터 발명 영재를 했고, 대회에서 수상도 많이 했으며, 내년에는 전국 대회에도 출전할 예정이다. 발명 대회 수상을 계기로 지헌이는 수학 학원에서 KMO(한국수학올림피아드)를 배워 보라고 권해서 대치로 다녔다고 한다. 거기에서 2년여 동안의 짧은 기간 안에 중등 수학 진도를 빼고, 고등 수학(상), 고등 수학(하)를 거쳐, 수학1, 수학2까지 공부했다. 어머니께 지헌이가 어릴 때 상위 0.1% 영재였고, 발명 영재에다가 KMO 학원을 다녔다고 들어서 수학을 못하는 줄은 몰랐는데, 뜻밖에도 자기 스스로 '수학을 못하는 아이'라고 생각하고 있었다. 아마도 자신에게 맞지 않는 선행 학습을 하면서 지속적으로 성취도가 낮게 나오다 보니, '나는 수학을 못하는 아이'라는 부정마음을 형성해 버렸고, 그 때문에 수학 시간에도 산만하다고 지적을 받아 '나는 단점만 있는 아이야. 고칠 수 없어.'라는 부정적인 생각이 많이 쌓여 있었다.

지헌이는 자신의 수준에 맞는 공부를 하면서 긍정마음을 회복하는 것이 가장 먼저였다. 그러기 위해서는 발명 영재이니 수준 높은 공부를 해야 한다는 생각을 내려놓고, 지금까지 선행 학습을 많이 했다는 허울을 버리고 중학 수학부터 다시 시작해야 했다. 지헌이는 수업 시간과 전혀 관계없이 자신의 발명품을 자랑하고, 맥락과 관계없는 엉뚱한 질문을 던지는 것을 자신의 영재성을 드러낸다고 생각하는 잘못된 습관이 있었는데, 이를 두고 "산만하다, 그런 질문하지 마!"라고 지적하지 않고 "수업에 집중하자. 그 질문은 수업 끝나고 하자."라며 긍정적 메시지를 많이 전달할 수 있는 선생님도 필요했다. 어머니께는 학원 대신 눈을 맞추고 대화하며 긍정적인 이야기를 많이 해 주실 선생님을 찾아 개인 지도로 바꿀 것을 권했고, 중학 수학부터 공부할 수 있도록 진도를 짜기를 당부했다. 며칠 후 지헌이 엄마에게 전화가 왔다.

> "선생님, 감사해요. 중학 수학부터 다시 하기로 했고, 선생님도 구했어요."
>
> "잘됐네요."
>
> "지헌이가 잘해 보겠대요. 선생님 덕분에 용기를 냈어요."

지헌이는 새로운 선생님과 수업을 하고 있고, 잘하는 것이 늘고, 칭찬이 느니 수학 집중력도 좋아지고 있다는 소식을 들었다.

《The Answer 해답》의 저자 존 아사라프 & 머레이 스미스의 말에 따르면, 우리는 열일곱 살이 될 때까지 "안 돼. 너는 할 수 없어."라는 말을 평균 15만 번 듣는다고 한다. 반면에 "그래. 너는 할 수 있어."라는 말은 약 5천 번밖에 듣지 못한다고 한다. 부정적인 말이 무려 30배나 많다. 나도 모르게 "안 돼."라는 부정적 언어에 노출되어 스스로 '나는 안 돼.' 라는 생각을 하기에 이른다. 부정적 말을 듣고 부정적 생각이 쌓이면 부정마음이 형성되고, 다시는 할 수 없는 사람이 되어 버린다. 남이 나를 안 된다고 조종하게 내버려 두지 않으려면 나에게 "너는 잘해. 할 수 있어!"라고 말해 주는 사람을 많이 만나고, 내가 잘할 수 있는 환경에 노출하고 "나는 돼. 할 수 있어!"라는 말을 스스로에게 14만 5천 번 이상은 해야 한다.

발명 영재라고 해서 KMO를 공부해야 하는 것도 아니고, 영재성이 있다고 선행 학습을 많이 해야 하는 것도 아니다. 어린 시절의 영재성은 그야말로 잠재력과 가능성일 뿐인데, 그것만 믿고 무리하게 선행 학습을 시키다가 오히려 공부의 적기를 놓칠 수도 있다. 주변에서 고등 선행을 빨리 한다고 해서, KMO를 공부한다고 해서 따라갈 필요는 없다. 수준에 맞지 않는 공부를 하다가 '나는 공부 못하는 아이'라고 오히려 부정마음이 형성될 수 있다. KMO라는 것이 있고, 도전해 볼 기회를 갖고 공부를 한다는 것에 의의를 두고 수준에 맞는 공부를 천천히 하다 보면 하는 중에 본선에 나갈 기회도 생길 수 있고, 수학을 좋아하고 잘하게 될 수도 있는 것이다. 목표보다 중요한 것이 긍정마음이고, 그러기 위해서는 수준에 맞는 공부가 우선이다. 나에게 맞는 공부에서 높은 성취를 지속적으로 이룰 때 긍정마음이 형성될 수 있고, 그래야 더 오래 끝까지 공부를 좋아할 수 있다.

"수준에 맞는 공부가 긍정마음을 강화시킨다."

05
남의 말로 나를 정하지 말아요,
단점은 뒤집으면 장점이니까

도윤이는 학원에서 공부를 꽤 잘하는 학생이다. 물론 학교에서도 모범생이고 성적도 좋다. 도윤이는 영재 학교 준비를 하고 있는 중3 학생인데, 최근에 모의고사 성적이 매우 좋지 않아 코칭을 하게 되었다.

"도윤아, 이번에 시험을 많이 못 봤네. 왜 못 봤는지 말해 줄 수 있어?"

"서술형은 거의 못 썼어요."

"음, 네 실력이 아닌데? 서술형을 왜 못 썼지?"

"덜렁대서요."

"덜렁댄다고? 네가? 누가 그래?"

"제가 그래요."

"네가 왜 덜렁대? 아니야."

"아뇨, 전 덜렁대요."

"준비물 잘 까먹거나 숙제 잊어버리고 안 하는 거 얘기하는 거야?"

"숙제는 그래도 좀 나은데, 준비물은 잘 까먹어요."

　도윤이는 평소 책을 가져오지 않거나 간식 사 먹을 돈을 집에 두고 오는 등 약간의 실수가 있는 편이고, 외향적이고 친구들한테 관심이 많아 사소한 것들을 챙기지 않는 편이었다. 숙제도 꼭 해야 할 것들은 해 오는 편이었지만, 날짜가 정해지지 않은 것들은 거의 하지 않고, 학교에서 주는 안내문도 부모님에게 전달하지 않고 늘 빠트렸다. 어머니 역시 도윤이가 덜렁댄다고 늘 걱정이셨다. 그래도 도윤이가 계속해서 자신의 정체성을 '덜렁댄다.'라고 인식하고 있으면 영원히 그렇게 될 가능성이 많다. 하루빨리 '덜렁댄다.'라는 부정마음에서 벗어날 필요가 있었다. 이럴 땐 옆에서 준비물을 챙기게 도와주는 것보다는 도윤이의 생각과 행동 수정을 통해 스스로 고칠 기회를 주어야 한다.

"네가 뭐 덜렁대? 준비물 잊어버리는 거 그거 아무것도 아니야."

"네?"

"어른들이 너한테 덜렁댄다고 얘기해 준 것으로 너를 정하지 마. 네가 아니라고 하면 아닌 거야. 너 자신은 네가 정해야지."

"그건 어떻게 하는 건데요?"

"너 덜렁대지 않아. 꼼꼼해."

"에이, 그건 아니에요."

"덜렁대는데 어떻게 공부를 잘하니? 너 공부 잘하잖아. 내신 성적도 좋고… 이번 시험 한 번 못 본 것뿐인데, 그게 왜 덜렁대는 거야?"

"그렇긴 하죠. 전에 역사 B 맞은 거 말고는 다른 과목 성적은 좋아요."

"거봐. 공부 잘하잖아. 시험을 잘 본다는 건 잘 챙긴다는 거야. 자기가 뭘 모르는지 알고, 모르는 것을 알게 하고, 잘 대처하고 있다는 거지. 맞지?"

"네, 맞아요. 완벽하진 않지만, 모르는 것 찾아 가면서 공부했어요."

"그래, 맞아. 그래서 다음 시험에서는 역사도 A 받았잖아."

"네."

"근데 누가 덜렁댄다고 그래? 넌 꼼꼼해."

"아, 그런가요?"

"아침에 내가 할 일이 무엇이 있는지 한번 떠올려 보고, 적어 놓고, 한 번만 더 들여다보면 돼. 그렇지?"

"네, 그렇게 할게요. 전 꼼꼼해요."

"떠올리기, 적기, 쳐다보기. 오케이?"

"네, 오케이."

시험을 못 봤다고 며칠간 울상이었던 도윤이가 코칭 후엔 얼굴이 미소로 활짝 피었다. 게다가 2주 후 치른 시험에서 성적이 수직 상승했다. '덜렁댄다.' 라고 부정적으로 규정한 마음을 '꼼꼼하다.' 라고 긍정마음으로 변화시킨 후 생긴 놀라운 결과다. 도윤이는 원래 공부를 잘했고 그동안 쌓아 둔 기초 학습량이 많았기에, 그 효과가 금방 나타나서 매우 다행이었다. 또 하나 놀라운 변화가 있는데, 간식비를 안 가지고 다닌다는 이야기는 다시는 들려오지 않았다. 긍정마음 형성으로 인한 성적 향상이 다른 행동에도 영향을 끼쳤다.

"네가 뭔데 나를 판단해?"라는 가수 제시의 말 한마디가 유행한 적이 있다. 우리 사회가 얼마나 남을 함부로 판단하고, 규정하고, 남의 판단을 의식했으면, 너무나도 당연한 말이 유행까지 했을까? 남의 시선이나 판단을 의식하는 우리 사회의 풍토는 차치한다 하더라도, 아이들은 당연히 어른들의 시선, 판단에 자신의 마음을 정해 버린다. 그러므로 부모라면 당연히 자녀의 긍정적인 면을 부각시키기 위해 애써야 하고, 자꾸만 단점을 지적하여 고치라고 하는 대화는 멀리해야 한다. 또한 아이들에게 부정마음을 규정하는 언어들은 삼가야 한다. 이미 부정마음이 형성되어 있다면 "아무것도 아니야."라며 그 마음을 무시할 수 있도록 돕고, 다시 긍정마음으로 채워 주면 된다.

단점을 뒤집으면 금방 장점이 된다. '집중을 못한다.'는 '다양한 것에 관심이 많다.'로 바꿀 수 있고, '자꾸 떠든다.'는 '친구랑 이야기하기를 좋아하고 사교적이다.'로 바꿀 수 있고, '공부를 못한다.'는 '공부에 관해 개선의 여지가 있다.'로 바꿀 수 있고, '내성적이다.'는 '혼자 있을 때 에너지를 채운다.'로 바꿀 수 있고, '다혈질적이다.'는 '감정에 잘 반응한다.'로 바꿀 수 있다.

긍정의 언어로 바꾸기만 한다고 바로 단점을 장점으로 변화시킬 수는 없다. 긍정의 언어로 바꾼 행동을 칭찬으로 더 강화시켜야 한다. '집중을 못한다.'를 '다양한 것에 관심이 많다.'라고 규정했을 경우, 집중을 잘하도록 긍정을 강화시킬지, 다양한 것에 관심이 많은 장점을 더 부각시킬지를 정하여 장점이 단점을 상회하여 단점이 드러나지 않도록 하면 좋다. 다양한 것에 관심이 많은 장점을 부각시키려면 관심만 가질 게 아니라 상식이 풍부한 사람이 되기 위해 책을 많이 읽고, 여러 상식을 다른 사람들에게 전달하고 베풀 수 있게 발전시키면 된다.

부정마음을 약화시키고 긍정마음은 강화시키면, 자신이 갖고 있는 부정적인 면을 없애고, 긍정적인 면을 더 발전시키고 더 단단해질 수 있다.

"부정마음을 긍정마음으로 바꾸자."

06
공부하고 싶게 만드는
긍정마음 솔루션

어린 시절부터 '공부 잘한다.' 라는 긍정마음을 가지게 되면, 이후에도 그 마음을 유지하고, 주변의 기대에 부응하기 위해 지속적으로 공부를 잘하게 되는 효과가 있다는데, '공부 잘하게 만드는' 좋은 방법이 있다면 지금부터 한번 실천해 보는 것이 어떨까?

그런데 이미 공부를 못한다고 생각하고 있고, 꿈도 공부와 관련된 것이 아니고, 수준이 어느 정도인지 모르겠으며, 도무지 장점이라고는 보이지 않는다면 그럴 땐 어떻게 긍정마음을 만들어 줄 수 있을까?

첫째, 긍정의 대화를 늘린다.

"왜 그래?", "그것도 못해!", "그래 갖고 되겠어?"와 같은 대화를 줄이고 "그랬구나.", "다시 한번 해 보자.", "그래, 잘되어 가고 있네."와 같은 대화를 늘린다. "왜 그래?"라는 말은 통제 불가능한 과거에 원인을 돌리기 때문에 내가 해결할 수 없는 문제이고, "그것도 못해!"는 감정을 상하게 하는 비난일 뿐 해결책이 아니며, "그래 갖고 되겠어?"는 해 보지도 않고 안 된다는 것을 예측하는 실수이다. "그랬구나." 하면서 현 상황을 인정하고, "다시 한번 해 보자."라고 도전의 기회를 주고, "그래, 잘되어 가고 있네."라며 계속 실천할 수 있는 용기를 주는 대화를 하도록 한다. 긍정의 대화는 하고 싶은 일을 가능하게 만드는 강력한 힘을 발휘하므로 "이번엔 성적이 안 좋구나, 다시 잘해 보자.", "이번엔 잘되어 가네."와 같이 공부에 적용해 보자.

둘째, 100점 맞을 기회를 많이 만든다.

문제집의 단원 평가를 "이번엔 시험이야."라고 말하고, 타임 워치를 놓고 시간을 재서 문제를 모두 푼 다음 점수를 매긴다. 100점을 맞으면 스티커를 주고, 스티커를 모아 선물을 준다. 10~30개가 모이면 선물을 준다는 약속을 미리 해 둔다. 선물은 자녀가 고르게 하면 더 좋다. 엄마가 선물을 선택하면 앞으로 필요할 물건을 사 줄 수도 있기 때문이다. 나는 주로 만화책 시리즈를 모으는 것으로 활용했다. 100점을 맞았을 때는 스티커 외에 "참, 잘했어!" 칭찬도 많이 해 주고, 기뻐해 준다.

셋째, 좋아하는 것을 찾아 꾸준히 하게 해 준다.

영어를 좋아하면 영어 경시대회(학습지 회사나 학원에는 보통 내부 경시대회가 있다)에, 수학을 좋아하면 수학 경시대회(KMC, HMC)에, 로봇을 좋아하면 로봇 대회에, 코딩을 좋아하면 코딩 대회에 꾸준히 도전하는 등 상장으로 인정받는 과정을 거치면 좋다. 좋아하는 것이 공부가 아니라면, 아이가 좋아하는 것으로 작은 도전을 조금씩 해 보도록 한다. 그러는 중 상장이나 자격증뿐 아니라, 지도하시는 선생님에게 아이의 장래에 대한 좋은 덕담을 들을 수 있다.

넷째, 자녀가 스스로 할 수 있다는 것을 믿는다.

사람의 감정과 생각은 생각보다 쉽게 상대방에게 전달된다. 말로 하지 않아도 상대방의 감정을 알아차릴 때가 있었을 것이다. '마음에 들지 않나 보네.'라든지 '지금 기분 나쁜가 봐.', '싫은 것 같은데…' 등 말 외에 표정과 제스처, 눈빛으로 전달되는 감정은 말보다 더 강하게 와닿을 수 있으므로 자녀를 믿지 못하는 부정적인 감정이 전달되지 않도록 주의하는 것이 좋다. 아이는 스스로 선택할 수 있고, 스스로 해 나갈 수 있으며, 스스로 할 때 자기 성장을 이룬다는 것을 인정하고 믿어 주도록 한다.

다섯째, 감사한다.

위의 네 가지를 모두 실천할 수 있으면 좋겠지만, 만일 지금 당장 모두 실천하기 어렵다면 '감사하다.' 라는 말을 매일 다섯 번 이상 하도록 한다. 마트에서 물건을 계산하고 나올 때 "감사합니다."라고 말하고, 아이가 학교에서 돌아와서 스스로 손을 씻었을 때 "스스로 해 줘서 고마워."라고 말하고, 오랜만에 친구가 전화했을 때 "전화해 줘서 고마워."라고 말하고, 하루 일과를 마쳤을 때 "오늘 수고했어. 잘 살아 줘서 고마워."라고 나에게 말한다. 만일 다섯 가지를 채우지 못했을 때에는 잠들기 전 '오늘 감사할 만한 일이 뭐가 있었지?' 떠올리며 사소한 일이라도 찾아 "감사하다."라고 말한다.

감사의 힘은 대단하다. 물리학자 스티븐 호킹은 중증 장애인임에도 불구하고 감사의 의미를 제대로 이해했기에, 상대성 이론과 우주론에서 누구도 상상하지 못할 업적을 이루었다. 호킹은 스물한 살이 되던 해에 루게릭병이라는 불치병에 걸렸고, 2년밖에 살지 못한다는 시한부 선고를 받았다. 그는 입원한 지 하루만에 사망하는 환자를 보면서 자신은 그래도 최악의 상황은 아니라고 위로했다. 게다가 그는 열일곱 살에 옥스퍼드 대학교에 합격할 정도로 비상한 두뇌도 가지고 있었다. 그는 '신체에 장애가 있다고 해서 정신까지 장애가 있는 것은 아니다.' 라고 생각했고, 삶에 대해 낙관적이고 유쾌한 태도를 취했다. 여섯 번이나 죽음의 문턱을 넘나들었고 나중엔 목소리까지 잃었지만, 언제나 활기차게 행동했다. 어느 날 연설을 마친 후 한 기자가 "병마가 당신을 영원히 휠체어에 묶어 놓는데, 운명이란 녀석이 너무 많은 것을 빼앗아 갔다고 생각하지 않으세요?"라고 물었다. 호킹은 아직 움직일 수 있는 세 개의 손가락으로 타자를 두드렸고 화면으로 그의 말이 전해졌다. "제 손가락은 여전히 움직일 수 있고, 제 두뇌로는 생각을 할 수 있습니다. 저는 평생 추구하고 싶은 꿈이 있고, 저를 사랑하고 제가 사랑하는 가족과 친구들이 있습니다. 그리고 저는 감사할 줄 아는 마음을 가졌습니다!"

감사의 마음은 나에 대한 긍정마음을 갖게 해 줌은 물론, 자녀에게도 긍정마음을 선물해 줄 것이며, 그것이 공부를 잘하고 싶은 마음으로 연결될 것이다.

"감사의 말로 형성된 긍정마음이 공부를 잘하고 싶게 만든다."

나는 자녀에게 긍정마음을 갖게 하는 엄마일까?

나에게 해당하는 문장에 ☑표 하세요.

A

☐ "잘했어!" 칭찬을 자주 하는 편이다.

☐ "감사합니다.", "고마워."라는 말을 자주 하는 편이다.

☐ 잘못이 있으면 "미안해."라고 사과할 줄 안다.

☐ 시험을 못 봤을 때 "괜찮아, 다음에 잘 보면 돼."라고 한다.

☐ "행복해."라는 말을 자주 한다.

☐ 물건을 떨어뜨리는 실수를 했을 때 "괜찮아?" 하고 아이부터 살핀다.

☐ 문제를 스스로 해결할 때까지 기다려 준다.

☐ 준비물 챙기기, 숙제는 아이가 스스로 해결할 수 있다.

☐ 평소 타인의 긍정적인 면을 먼저 보는 편이고, 남을 헐뜯지 않는다.

☐ 아이가 밖에서 잘못을 저질렀을 때 "속상하겠구나." 공감을 먼저 해 주고,
구체적인 상황을 살핀다.

B

☐ 제대로 못했을 때 "이것밖에 못해!"라고 비난을 하는 편이다.

☐ "안 돼, 하지 마!" 등 지시, 명령조로 말하는 편이다.

☐ 내 잘못인 것 같아도 아이에게 "미안해." 말하지 않고, 오히려 아이를
나무란다.

☐ 시험을 못 봤을 때 "공부도 못하면서 나중에 뭐가 되려고 그래?"라고
비난한다.

☐ 물건을 떨어뜨리는 실수를 했을 때 "네가 하는 게 그렇지 뭐."라고
나무란다.

☐ 문제를 잘 못 해결하면 엄마가 나서서 해결해 준다.

□ 아이는 내가 없으면 실수를 많이 할 것 같다고 생각한다.

□ 아이 보는 앞에서 부부 싸움을 한 적이 있다.

□ 부부나 가족끼리 대화할 때 남 흉을 보는 이야기를 한다.

□ 아이가 밖에서 잘못을 저질렀을 때 "네가 잘못했겠지."라고 자녀를 야단친다.

A 7개 이상, B 3개 이하

잘하고 계세요. 평소에 긍정의 대화를 많이 하고, 자녀를 믿어 주는 마음이 훌륭해요. 만점에 도전하세요.

A 4개 이상 6개 이하, B 4개 이상 6개 이하

보통이에요. 긍정의 대화를 조금 더 많이 하거나, 자녀를 조금 더 믿어 주시면 더 훌륭한 부모가 되실 거예요.

A 3개 이하, B 7개 이상

좀 더 분발하세요. 긍정의 대화가 부족하고, 자녀에 대한 믿음도 아직 조금 부족해요. 긍정의 대화를 많이 시도해 보세요.

"내가 꼭 실천하고 싶은 한 가지를 골라 적어 보세요."

Chapter 2
공부에 푹 빠지게 만드는
'꿈'

꿈이 없다는 아이에게
꿈을 갖게 할 수 있어요?

01
피겨 스케이팅 선수가 되어
세계 1등을 하고 싶어요

　여섯 살 때부터 리수가 의사가 되고 싶다고 해서 '몸속 체험전', '인체의 신비전' 등 의사와 관련된 전시회는 적극적으로 데리고 다녔고, 경북과학고와 경북대 의대를 나온 미스코리아 출신 금나나를 롤 모델로 삼도록 책도 사 줬으며, 수학을 잘해야 할 것 같아 수학 공부를 시켜 줬건만 '딸이 의사'라는 나의 부푼 기대는 오래가지 않았다. 우연한 기회에 피겨 스케이팅을 배우게 된 리수는 피겨 스케이팅 선수가 되고 싶다고 했다.

　리수가 초등 3학년, 리한이가 초등 1학년이던 겨울 방학 때였다. 방학을 뜻깊게 보내고 싶었는데, 리수 친구 엄마께서 좋은 제안을 해 주셨다. "스케이팅 겨울 방학 특강이 있는데, 보낼래? 오전에 운동시켜 주면 좋잖아." 나는 흔쾌히 리수의 친구를 따라 리한이까지 데리고 스케이트장을 다니게 되었다.

아이스 링크 특강은 여학생은 피겨 스케이팅, 남학생은 쇼트 스케이팅으로 정해져 있었다. 리수와 리한이의 선호를 물어볼 새도 없이 리수는 피겨 스케이팅, 리한이는 쇼트 스케이팅을 배우게 되었다. 애초에 나는 운동을 시킬 목적이었으니 종목 선택은 나의 관심 밖이었다.

스케이트가 배우기 쉬운 종목은 아닌 것 같았다. 리수의 친구 남동생은 며칠 오더니 안 타겠다고 그만두었고, 리한이도 어찌어찌 타기는 하지만 "스케이트가 제일 싫어요."라고 했다. 리수의 친구도 한 달의 기초 강습을 마치고는 더 이상 스케이트 이야기는 꺼내지 않았다. 유독 리수만 "스케이트가 재미있어요. 계속 배우고 싶어요."라고 했다. 기왕 배워 보는 거 잠깐이라도 제대로 해 보라고 개인 레슨도 등록해 주고, 리수의 발에 맞는 새 피겨 스케이트도 사 주었다. 처음엔 그저 운동 삼아 배우라고 했었고, 나도 그런 줄로만 알았는데, 어느 날 리수가 텔레비전에 김연아 선수가 나오는 영상을 보면서 엉엉 울었다.

"리수야, 왜 울어?"
"김연아 선수가 다 해 버리면 난 뭘 하냔 말이에요."
"그게 왜?"
"세계 1등을 내가 할 건데…."
'뭐라고? 맙소사.'

피겨 스케이팅 선수로 세계 1등을 하는 것이 의사가 되는 것보다 몇 십 배는 더 힘들 텐데, 리수가 하겠다고 했다. 그때는 연일 방송에 김연아 선수의 뉴스와 중계가 나왔었다. '한국이 낳은 세계 최고의 피겨 선수, 피겨 스케이팅

불모지에서 꽃피운 아름다운 이야기' 가 주제였었고, 학교에서도 김연아 선수가 주니어 선수권 대회에서 한국인 최초로 1등을 한 〈종달새의 비상〉 영상을 틀어 주기도 했단다.

초등 4학년인 리수를 피겨 스케이팅 선수를 시킨다고 하니 담임 선생님도, 친구의 엄마도, 이웃들도 반대를 했다. "나 아는 애도 그거 배우다가 공부도 놓쳤대.", "공부 잘하는 애를 공부를 시키지, 왜 운동을 시키세요?", "초등 4학년이 운동선수 시작할 때는 아니잖아?" 등등, 초등 4학년에 시작해서 세계 최고가 될 수 없다는 것은 나도 이미 알고 있었다. 세계적인 선수는 대부분 네다섯 살 때 운동을 시작한다고 한다. 나는 아이가 하고 싶다는 것은 뭐든지 해 주고 싶다는 열망으로 다른 사람들 얘기는 듣지 않았다. '엄마가 되어서 어찌 세상에 불가능이란 것을 먼저 알려 준단 말인가! 불가능부터 생각한다면 세상에 할 수 있는 일이 얼마나 있을까?' 나는 리수에게 세상은 꿈꾸는 대로 된다는 것을 알려 주고 싶어, 주변의 만류에도 불구하고 피겨 스케이팅을 배우게 해 주었다.

레슨을 시작하고 3개월 후 처음으로 참가하는 '스포츠토토 대회'에서 리수는 금메달을 목에 걸었다.

"와, 기분이 엄청 좋아요. 나 스케이팅 잘하고 싶어요! 계속할래요."

스케이트를 타며 행복해하는 리수를 포기하게 할 수 없었다. 나는 김연아 선수의 엄마가 쓴 《아이의 재능에 꿈의 날개를 달아라》라는 책을 보며 세계 1등 엄마를 따라 하려고 노력했다. 아마존 온라인 서점을 뒤져 책을 구매하고 떠듬떠듬 번역해 읽으며, 준비 운동과 정리 운동에 필요한 동작들을 그림으로 그려 리수에게 보여 주고 따라 하게 했다. 실력을 향상시키기 위해 필요한 것이 무엇인지 찾아보고, 요가도 배우게 해 주고, 발레도 데리고 다니고, 매일 리수를 인천 빙상장과 화성의 아이스 링크까지 픽업해 다니며 최선을 다했다.

우리의 하루는 매일 꿈을 꾸는 전쟁의 연속이었다. 학교에서 집에 돌아오면 급히 발레를 갔고, 발레를 마치면 차 안에서 도시락을 챙겨 먹으며 아이스 링크로 이동했다. 이동할 때는 차 안에서 영어 테이프를 들었다. 링크에는 연습 시간보다 먼저 도착하여 1시간 정도 준비 운동을 했다. 그러고는 8시부터 10시까지 빙판에서 연습을 했다. 하루 4시간 정도는 꼬박 운동을 했고, 집에 돌아오면 마무리 운동도 하고, 숙제도 하면 12시가 다 되어서야 잠들었다. 미래의 꿈을 향해 최선을 다하는 나날을 보냈던 우리는 그때 행복했다. 세계 최고가 되고 싶다는 꿈은 꿈 자체만으로도 아름다웠고, 원대한 꿈을 꾸었다는 것만으로도 웬만한 도전은 두렵지 않게 되었다.

스티브 잡스는 '세상을 바꿀 위대한 일'을 하는 것이 꿈이었다. 입양아에 대학은 중퇴, 회사를 차릴 자본도 없는 그는 세상의 기준으로 보면 보잘것없었지만, 꿈 하나만큼은 위대하고 강렬했으며, 그 큰 꿈이 오늘날 최고의 컴퓨터 회사 '애플'을 탄생시켰다. 돈이 없어서 회사는 집의 차고였고, 처음 만든 컴퓨터는 전시회에 보여 줄 수 없을 만큼 초라했지만, 열정과 자신감만큼은 세계 최고였으며, 환경과 조건에 굴하지 않고 늘 새로운 것을 찾아 꿈을 향해 도전한 덕에 마침내 세상을 바꾼 위대한 '아이폰', '아이패드', '아이팟'을 개발하였다.

꿈을 크게 꾸면 그에 따른 실천력이 매우 커진다. 꿈을 이루기 위해 몸과 마음이 움직일 때 더 많이 원하고, 더 많이 시간을 투자하며, 더 많이 연습하게 된다. "5% 성장은 불가능하더라도 30% 성장은 가능하다. 5% 성장을 목표로 삼으면 과거의 방식대로 움직이기 때문에 4% 성장도 달성하기 힘들다. 그러나 30%의 성장을 목표로 삼으면, 과거와 완전히 다른 혁신적인 아이디어를 찾게 되고 접근 방식도 달라지기 때문에 기대 이상의 성과를 거둔다." 세계 1등을 하고 싶으면, 세계 1등이 되기 위한 방법과 전략을 찾아 고민하게 되고, 그것을 실천하는 하루하루를 보내다 보면 결국 꿈의 가까이에 다다른 자신을 발견하게 될 것이다. 세상을 변화시킬 위대한 일을 꿈꾸면, 무엇으로 변화를 시킬지 늘 상상하고 도전하게 된다. 꿈을 크게 꾸면 그 꿈의 가까이에 다가갈 수 있다.

"꿈은 크게 꿀 수록 좋다."

02
한의사 꿈 탐험하러
'한방바이오엑스포'에 온 가족 출동

리수가 초등 4학년, 매일 아이스 링크를 다닐 때였다. 우리는 서로 '힘들다.' 라는 말은 하지 않았지만 리수는 리수대로 체력적으로 힘들어했고, 나도 리수에게 내 시간을 온전히 바치는 것에 지쳐 가고 있었다. 피겨 스케이팅을 시작한 지 1년도 되지 않아 '전국 체전'을 준비한다는 것은 무리였다. 보약이라도 먹여야지 싶어 한의원을 찾아갔다.

"리수는 무슨 운동 해?"

"피겨 스케이팅요."

"선생님도 어릴 때 수영 선수였는데…."

"진짜요? 그런데 어떻게 한의사가 되셨어요?"

"부상으로 그만두고, 하루 4시간 자면서 공부했어. 선생님 수첩 보여 줄까?"

"네.

한의사 선생님은 고등학생 때 메모했던 수첩을 보여 주시며, 부상으로 운동을 그만두다 보니 재활에 관심이 생겨서 한의사를 꿈꾸게 되었다고 하셨다. 선생님이 하루 4시간 자면서 공부했을 때 운동선수 시절의 체력과 정신력이 많이 도움이 되었다고, 운동을 해도 공부를 게을리하지 않아야 만약에 꿈이 바뀌어도 잘할 수 있다고 하셨다. 한의사 선생님이 자기도 운동선수였다고 하니, 리수의 귀가 솔깃한 것 같았다.

"엄마, 한의원은 퇴근이 몇 시예요?"

"7시까지니까 아마 7시에 퇴근하시겠지."

"12시까지 안 해도 돼요?"

"그렇지."

"일찍 끝나니까 한의사 하는 것도 좋겠네요."

엄마한테 '힘들다, 하기 싫다.' 라는 말을 하지 않고 약속한 목표대로, 계획대로 열심히 연습을 하고 있었는데, 내색은 하지 않아도 힘들었던 모양이다. 12시까지 하지 않아도 된다는 이유로 한의사를 선택하다니!

어느 날 지나던 길에 버스 광고가 눈에 띄었는데, '2010 제천국제한방바이오엑스포' 개최 소식이었다. 리수는 버스 광고를 보고 '제천' 에 가자고 졸랐고, 우리 가족은 모두 리수의 '꿈 탐험'을 위해 엑스포에 가게 되었다. 미래한방관, 한방음식전시체험관, 한방생명과학관, 약초체험관 등 볼거리가 많았는데, 경혈의 흐름인 프리모 관에 관련된 3D 영화도 보고, 사상체질도 알아보고, 《동의보감》도 보고, 약초의 맛도 보고, 인체의 장기와 뼈를 퍼즐로 맞춰 보는 놀이도 했다. 그날 엑스포에 다녀와서 리수는 일기를 보고서 쓰듯 아주 길게 썼다.

10월 3일 일요일. 날씨 맑음

제천국제한방바이오엑스포! 내가 이곳에 가게 된 계기는 나의 꿈이 한의사이기 때문이다. 내가 이런 '한방'에 관한 엑스포나 전시회 같은 곳을 다녀오면 왠지 내 꿈을 향해 한발 한발 내딛고 있다는 생각이 들어서 뿌듯한 기분이 든다. (중략) 여러 가지 약초의 향을 맡아 보고, 시식용 약도 먹어 보고, 약초 가루도 만지며 정말 좋은 시간을 보낸 것 같다. 내가 평소에 신경 쓰지 않던 식물들의 약초로서의 효능을 알게 되니, 앞으로는 약초에 좀 더 관심을 가져 보아야겠다고 느꼈다.

내 꿈이 한의사인데 어디 대학교를 가야 할지 잘 모르기 때문에 한의대 홍보관에 갔는데, 나는 경희대학교를 가고 싶다. 한의학과가 있는 대학교 중에서 서울에 있고, 가장 유명한 대학이니까 말이다. 나는 경희대학교 코너를 주욱 둘러보고 앞에서 기념사진도 찍었다. 나중에 내가 다닐 곳이니 말이다.

꿈을 꾸고 구체적으로 꿈에 관한 탐방을 하니, 꿈이 눈에 더욱 선명하게 보였나 보다. 전시회를 보고 체험을 하면서 미래의 내가 어떤 모습일지 상상해 볼 수 있으므로, 막연하게 직업에 대해 알아보기만 하는 것보다는 꿈을 구체적으로 그리게 하는 데 도움이 되었다. 나 또한 "한의사가 되어라. 한의사 되려면 공부를 열심히 해야지."와 같은 말을 하지 않아도 되어서 좋았다. 리수가 직접 경험하고 느껴 체득한 꿈은 스스로 그렇게 되기 위해 공부를 열심히 하는 효과를 발휘했다.

김연아 선수는 피겨 스케이팅 선수를 꿈꾸면서 1998년 동계 올림픽 은메달리스트 '미셸 콴' 선수의 경기를 담은 비디오테이프 돌려 보기를 좋아했다. '미셸 콴' 선수에게는 다른 선수들에게 없는 특별한 느낌이 있었기 때문이다. 어찌나 닮고 싶어 했는지 비디오를 다 본 후에는 거실을 빙판 삼아 땀을 흠뻑 흘려 가며 따라 하는 연기를 했었다고 한다. 특히 같이 레슨을 받는 친구들과 '동계 올림픽 놀이'를 했었는데, 진짜 경기처럼 이름을 호명하면 앞으로 나와 그 선수가 되어 연기를 했고, 김연아 선수는 항상 미셸 콴의 역할을 했다. 연기를 하고, 시상대에 오르고, 관중들의 환호에 미소로 답하는 것까지 실제처럼 상상하고 연기했던 덕분에 실제 시합에서도 긴장하지 않는 강인한 정신력을 기를 수 있었다.

정말 간절히 이루고 싶은 꿈이 있다면, 그 꿈을 구체적으로 상상하면 좋다. 사람의 뇌는 상상을 현실로 착각하는 기능이 있어서 상상을 많이 할수록 그것이 실제인 양 착각하게 된다. '지금 책을 읽으면서 레몬을 깨무는 상상을 해 보라. 입에 침이 고이지 않는가?' 사람은 상상만으로도 원하는 바를 이룰 수 있다.

자녀가 꾸는 꿈이 있다면, 닮고 싶은 인물을 찾을 수 있도록 위인전이나 영웅담을 많이 읽혀 주고, 전시회나 체험전에 데려가서 실제를 상상해 보게 해 주고, 꿈을 이룬 실존 인물을 만나서 이야기를 나누게 해 주면, 꿈을 이룰 수 있는 발판으로 삼을 수 있다. 리수가 한의사 선생님을 만나 한의사를 꿈꾸게 된 것

처럼, 한방체험전에 가서 한의사가 된 상상을 한 것처럼, 경희대학교를 알아보면서 대학을 다니는 상상을 한 것처럼, 내가 꾸는 꿈과 관련된 것들을 실제처럼 상상을 하면 진짜로 그렇게 되는 일이 일어날 것이다. 앙드레 말로는 "오랜 시간 꿈을 그리는 사람은 마침내 그 꿈을 닮아 간다."라고 하였다.

"꿈은 구체적으로 상상할수록 그 꿈을 닮아 가게 된다."

03
세상을 바꾸고 미래를 개척하는
소프트웨어 개발자

리한이라고 꿈이 계속 과학자이기만 했을까? 리수의 꿈이 의사였다가, 피겨 스케이팅 선수였다가, 한의사로 변한 것처럼 리한이도 꿈이 변했다. 어려서 과학자가 꿈이었던 리한이는 정보 올림피아드를 배우기 시작한 초등 5학년부터는 소프트웨어 개발자를 꿈꾸었다.

리한이는 초등학교 입학 전부터 방과 후 학교에서 컴퓨터를 배우는 누나를 따라 컴퓨터를 배우고 싶어 했고, 초등 1학년이 되자마자 컴퓨터를 배우기 시작했다. 컴퓨터 교실에서는 과제를 빨리 마치는 학생들은 남은 시간 동안 게임을 하게 해 주었는데, 리한이는 게임 욕심 때문에 늘 공부를 빨리 마쳤고, 컴퓨터 실력은 무럭무럭 자랐다. 리한이는 초등 1학년에 국가공인기술자격증 문서실무사 4급, 초등 2학년에는 문서실무사 4급(영문) 자격증을 땄고, 초등 3학년에는 국가공인방송통신기술자격증 DIAT-워드(한글) 고급과 DIAT-프레젠테이션 고급 자격증을 땄으며, 초등 3학년에 교내 타자왕 선발 대회에서 최우수상을 수상했다.

　대회 상품으로 받아 온 게임을 리한이가 무척 좋아해서 학교에 다녀오면 꼭 1시간 정도 게임을 하고 놀았다. 잘했다고 받은 상품이니 못 하게 하는 것도 안 될 것 같아 내버려 두었는데, 리한이가 게임하는 시간이 점점 늘면서 나의 잔소리도 늘었고, 게임을 못 하게 하면 전전긍긍하더니, 어느 날 "게임 그만해. 약속 시간이 넘었잖아." 하는 나에게 "조금만요, 조금만요." 하더니 급기야 화를 내었다. 이대로는 안 되겠다 싶었다.

"리한아, 게임 때문에 엄마한테 화내는 걸 보면 중독 증상이 있는 것 같아. 당분간 게임을 하지 말자."

"아녜요. 1시간 약속 지킬게요."

"약속 지킨다 하고선 엄마가 다 됐다고 할 때마다 조금만 더 한다고 자꾸 그러잖아."

"자꾸 안 할게요."

"눈빛이 이상해."

"아녜요. 안 이상해요."

"우리의 뇌에는 도파민이라는 호르몬이 있어서 좋아하는 게임을 할 때 기분 좋게 만들어 주는데, 중독이 되면 눈빛이 이상해지거든. 도파민은 뇌의 본능적인 부분을 담당하는 변연계만 자극해서 공부하는 뇌인 전두엽을 방해해. 제발 뇌의 성장을 위해서 6개월만 게임을 하지 말자.”

“……. 그다음엔 하게 해 주실 거예요?”

“그럼, 하게 해 주지. 그리고 네가 게임을 만들 수 있게도 해 줄 거야. 재밌지 않아? 게임을 만들 수 있다면?”

“네, 좋아요. 게임 만들면 재미있을 것 같아요.”

리한이는 게임 중독 증상 완화를 위해 6개월 정도 휴식기를 가졌고, 그 정도 기간이 지나자 괜찮아졌다. 그때의 약속을 지키기 위해 리한이는 초등 5학년부터 정보 올림피아드 공부를 시작했다. 일단 컴퓨터 언어를 배우고 논리적 구조를 익혀야 나중에 게임도 만들 수 있을 테니…. 정보를 처음 배울 때는 낯선 언어들을 그대로 따라 하는 것부터 시작했다. 구조를 익히고 프로그램을 짤 때까지는 시간이 걸렸다. 마치 받아쓰기를 해야 나중에 짧은 글짓기를 할 수 있고, 일기라도 써 봐야 독후감을 쓸 수 있는 것처럼 차근차근 모방하는 것부터 시작했다. C++ 언어들을 익히면서 오로지 컴퓨터 게임을 만들 수 있다는 기대감으로 힘들어도 꾹꾹 참았던 듯하고, 3개월 정도 지나자 그제야 무엇을 깨달았다는 듯 “정보가 재미있어요.”라고 했다. 매주 일요일, 도시락까지 싸 가지고 다니며 정보를 배우는 데 정성을 쏟았다.

초등 6학년 때 정보 올림피아드 지역 예선을 치르고 결과를 기다리고 있던 어느 날, 교장 선생님께 문자가 왔다. “어머니 축하해요. 리한이가 정보 올림피아드 지역 예선에서 대상을 탔어요.”, “와!!!” 나는 문자를 보자마자 소리를 질렀다. 너무 기뻤다. 8개월여 매주 일요일마다 정보 공부를 꾸준히 하기는 했지만 대상이라니! 리한이가 너무 고맙고 대견했다. 이어진 전국 대회에서는 동상을 받았다.

이외에도 리한이는 초등 5학년 때 국립과천과학관 온라인과학게임대회 창의상, 초등 6학년 때 국립과천과학관 온라인과학게임대회 창의상, 온라인수학게임대회 미래상을 수상했고, 상품으로 PMP와 태블릿을 선물 받았다. 이때 받은 태블릿을 마음껏 가지고 놀았고 더불어 휴대폰과 컴퓨터 자유도 얻었다. 리한이는 초등 5학년 때부터 고등 3학년까지 8년간 자신의 꿈을 향한 도전을 꾸준히 했다.

스티브 잡스는 여섯 살 때부터 집 안의 기계란 기계는 모두 뜯어내어 다시 조립하길 좋아했는데, 이것이 잡스가 가장 좋아하는 놀이였다. 아빠는 "진정한 기술자는 기계를 망가뜨리는 것이 아니라 기계에 생명력을 불어넣는 거야." 라고 말해 주었고, 잡스는 이 말을 가슴 깊이 새겼다. 초등 4학년 때 잡스의 가능성을 알아본 테디 힐 선생님을 만나 상급반 수학을 공부하여 이른 나이에 중학교에 진학하면서 자신의 재능을 발견하였고, 비록 대학은 중퇴했지만 스스로 원하는 공부를 찾아 독학하였다. 잡스는 자신이 좋아하는 것을 찾아 꾸준히 탐구한 노력으로 훗날 세상을 변화시킨 '아이폰', '아이패드', '아이팟'을 개발할 수 있었다.

말콤 글래드웰은 《아웃라이어》라는 책에서 '1만 시간의 법칙'을 설명하였다. '작곡가, 야구 선수, 소설가, 스케이트 선수, 피아니스트, 체스 선수 등 어떤 분야에서든 연구를 거듭하면 할수록 이 수치를 확인할 수 있다. 1만 시간은 대략 하루 세 시간씩, 일주일에 스무 시간씩 10년간 연습한 것과 같다. 그 어느 분야에서도 이보다 적은 시간을 들인 세계적인 수준의 전문가는 없다.' 모차르트는 여섯 살에 작곡을 시작해 음악 신동이라는 말을 들었지만, 걸작들은 모두

1만 시간이 지난 뒤인 스물한 살 이후에 만들어졌다. 비틀즈는 영국 리버풀에서 별 볼 일 없는 록 밴드였다. 그들은 하루 8시간씩, 1년에 270일을 빠짐없이 연주했다. 그렇게 1만 시간을 넘게 연주한 후인 5년 뒤에 그들은 차별화된 연주를 할 수 있게 되었고 세계적인 록 밴드로 자리매김하였다.

좋아하는 것을 찾아 꾸준히 도전하다 보면, 자격증이나 상장, 수료증으로 세상의 인정을 받는 기회를 가질 수 있고, '꿈을 이룰 수 있다.'라는 자신감을 갖게 된다. 인정이 없더라도 꿈에 다가가기 위한 노력을 오랜 시간 게을리하지 않아야 한다. 일주일에 한 번이라도, 자신의 꿈을 향한 공부와 도전을 최소 10년 정도는 꾸준히 해야 꿈을 이룰 수 있는 발판을 마련할 수 있다.

"꿈을 향한 도전을 꾸준히 한다."

04
영재 학교를 꿈꾸며
2년이라는 진도를 따라잡았어요

중훈이는 중학교 1학년 봄에 만났다. 어머니는 중훈이가 영재 학교에 가고 싶어 하는데, 수학 선행을 많이 안 해서 과연 영재 학교에 갈 수 있을지 알고 싶어 하셨다. 영재 학교를 준비하는 학원의 커리큘럼은 그때쯤이면 고등 수학(하) 정도까지는 마무리되었거나, 늦더라도 고등 수학(상) 시작 정도는 된다. 그때까진 영재 학교에 관심이 없었다가 심화를 공부해 보니 그런대로 곧잘 하는 것 같아 생각해 보는 중이라고 하셨다.

"중훈이가 학교 교육 과정을 기준으로 몇 학년 몇 학기까지 공부했어요?"

"중학교 2학년 1학기요."

"혹시 심화는 공부했나요?"

"《에이급 수학》을 하긴 했어요."

"중훈이가 진로를 어디로 생각하고 있어요?"

"영재 학교요."

"중훈이 진도는 학원에 다니기에는 좀 차이가 날 수 있어요. 그래도 테스트를 보면 어느 정도 차이인지 확인해 볼 수 있고, 앞으로 어떻게 공부해야 할지 알려 드릴 수 있어요."

며칠 후 테스트를 하게 되었고, 중훈이는 2학년 1학기 심화까지는 아주 잘 풀었다. 중3 과정까지는 아직 공부를 하지 않았으므로 3학년 문제를 빼면 거의 다 맞힌 셈이고, 지금까지 테스트를 본 중에 최고의 점수였다. 시험 보는 도중 태도도 살펴보았는데, 집중력이 아주 좋았고 공부하는 학생다운 기본기가 있어 보였다. 다만 문제 푸는 속도가 많이 느렸다.

"어머니, 중훈이가 잘하는 거 알고 계시죠?"

"네, 어느 정도는요."

"학습 태도가 좋은 편이죠?"

"네."

"테스트도 잘 보았어요. 자기가 공부한 것을 하나도 놓치지 않았어요. 기본기가 아주 탄탄해요. 집에서 이렇게 공부하기 쉽지 않은데, 아주 잘했어요."

"학원은 다들 수학(상)을 시작해서 들어갈 반이 없어요. 아이는 영재 학교에 가고 싶다고 하는데, 어떻게 해야 할지 모르겠어요."

"영재 학교에 도전해 보세요."

"네? 진짜요? 가능할까요?"

"가능해요."

중훈이는 영재 학교에 가고 싶다는 꿈을 위해 중1부터는 학원의 영재 학교 준비반에 들어가는 것으로 중간 목표를 잡았고, 2학년 2학기 《에이급 수학》과 3학년 1학기 《에이급 수학》을 일주일에 한 단원씩 7주 만에 급히 진도를 나가는 것으로 설계하였다. 7주 후 입학 테스트에서 합격을 하면 수학(하)와 KMO를 공부하는 반에 들어가게 되는데, 그러면 3학년 2학기와 수학(상) 과목의 진도가 비게 된다. 그 부분은 학원에 다니는 시간 외에 병행해서 공부를 하도록 권했다. 힘들긴 하겠지만, 중훈이가 태도가 좋고 심성이 바른 아이라 가능할 것으로 보였다.

"무려 2년이라는 진도를 따라잡는 게 될까요?"

"수학에만 올인 하면 할 수 있어요."

진도를 채우는 데는 6개월이라는 시간이 걸렸고, 3개월이 지나자 다른 학생들을 따라잡았고, 3개월이 더 지나자 오히려 친구들을 제쳤다. 놀라운 성장을 거듭한 중훈이는 최종적으로 영재 학교에 합격했다.

"선생님, 감사해요. 그때 선생님 아니면 어쩔 뻔했어요."

"중훈이가 잘해 줘서 저도 너무 기뻐요."

"그때 주변에서 모두 안 될 거라고 반대했어요. 된다고 한 분은 선생님뿐이셨어요. 그 말 한 줄기 믿고 아무리 힘들어도 묵묵히 공부하더니 중훈이가 결국 해냈어요."

"아마도 목표가 확실하다 보니 어려운 일도, 힘든 일도 이겨 낼 수 있었던 것 같아요."

꿈을 이루기 위해서는 꿈에 다가가기 위한 목표가 명확해야 한다. 꿈을 바라기만 하면 소용없다. 구체적인 목표가 있어야 꿈을 성취할 수 있다. 목표는 꿈을 이루기 위한 단계적 지침이다. 꿈을 이루기 위해 필요한 조건이 무엇인지 생각하여, 그것을 먼저 이루는 것을 목표로 삼으면 된다. 중훈이는 '학원의 영재 학교 준비반에 들어가는 것'과 '진도 차이를 빠른 시일 내에 채우는 것'이라는 중간 목표를 명확하게 잡았고, 그에 따른 실천 계획을 날짜별로 스케줄을 짜서 진행했기에 가능했다.

성공학의 거장 나폴레온 힐은 그의 철학을 정리하고 집대성하는 데 20년 이상의 세월을 보냈다고 한다. 그 과정에서 20,000명 이상의 사람들을 분석하고 연구하였는데 그중 눈길을 끄는 통계 자료가 있다. 20,000명 중 5%만이 성공한 사람들이었고, 나머지 95%는 그렇지 못했다. 통계 자료에서 밝혀진 사실 중 하나는 성공하지 못한 95%의 사람들은 공통적으로 '명확한 목표'가 없었다는 것이다. 반면에 성공한 5%의 사람들은 명확한 목표와 그에 따르는 명확한 계획을 가지고 있었다.

하버드대 교수 탈 벤 샤하르는 《행복이란 무엇인가》에서 목표 설정을 위한 세 가지 팁을 제시했는데 '목표를 구체화하라.' 가 그중 한 가지이다. "매출액을 올리겠습니다.", "더 건강해지겠습니다."와 같이 모호한 목표보다는 "일 년 안에 매출액을 5% 올리겠습니다.", "일주일에 나흘 이상 2킬로미터를 뛰겠습니다."처럼 구체적인 목표를 설정하는 것이 좋다고 하였다. 구체적인 목표가 있으면 행동으로 실천하기도 편하고 그 과정에서 큰 보람과 즐거움을 느낄 수 있다.

중훈이는 하고 싶은 꿈과 명확한 목표가 있었기에 다소 불가능해 보이는 진도도 따라잡을 수 있었다. 시간과 노력을 투자해서 안 되는 공부는 없다. 꿈을 향한 목표가 명확하면, 계획과 실천이 목표를 따라 저절로 시간과 노력을 투자하게 만든다.

"꿈을 향한 목표를 명확하게 세운다."

05
"나는 하고 싶은 것이 없어요." 말할 때 어떻게 할까?

한수는 중학교 3학년 때 영재 학교를 지원하기 위해 자기소개서를 쓰려다, 나는 꿈이 없으니 자기소개서를 한 줄도 쓸 수 없어 영재 학교를 포기하겠다고 하였다. 한수가 지원하고 싶은 학교의 자기소개서 1번 문항은 "지원자의 장래 꿈은 무엇인지 쓰고, 그 꿈을 이루기 위한 학교생활에서의 자기 주도적 활동에 대해 구체적인 사례를 바탕으로 기술하시오."였다. 우선 학교생활 기록부를 같이 보면서 대화를 해 보기로 했다.

"한수야, 과학 축전에서 전도펜 만들기 활동을 했는데, 물리랑 관련된 내용이니 물리학자 어때?"
"전 물리 싫어해요."

"기계 공학자는?"

"그것도 아니에요."

"그럼 컴퓨터 공학자로 하자."

"싫어요."

"왜~~~?"

"나는 하고 싶은 것이 없어요. 선생님 저 그냥 자기소개서 안 쓸래요. 지원 안 하면 되죠."

"컴퓨터 좋아하잖아."

"상 받은 게 없다고 엄마가 하지 말라고 그랬어요."

"그랬구나. 코딩 배운 적 있지?"

"초등학생 때 잠깐 한 거라서…. 수상한 적도 없는데 어떻게 꿈을 꿔요?"

"꿈은 지금부터 만들어 가면 돼. 중학생의 꿈인데 상장이 있는 사람이 얼마나 되겠어? 상장을 자기소개서에 쓰는 건 아니니깐, 그것 때문에 네 꿈을 바꾸지 않아도 돼. 정보 시간에 스크래치로 작품을 만든 적 있지? 그 경험으로 컴퓨터 공학자가 되고 싶었고, 정보를 잘하려면 수학을 잘해야 한다고 해서 수학을 열심히 공부했다고 쓰자."

한수랑 얘기를 더 해 보니 자기가 수학을 좋아하는데 수학을 제일 잘하는 것도 아니고, 컴퓨터 공학자가 되고 싶었던 적도 있기는 한데 아무런 수상 경력도 없고, 물리는 좋아하지 않고, 화학은 자신이 없어서 아무것도 꿈이라고 할 만한 것을 고를 수가 없다고 했다. 특히 컴퓨터는 학교에서 정보 수업 시간에 배운 것 말고는 아무것도 한 것이 없는데, 꿈이 무엇인지 적고, 그 꿈을 위한 자기 주도 학습에 대해 쓰라니 도대체 어떻게 쓴단 말인가? 다른 것으로 쓰자니 거짓 말하는 것 같아 하기 싫고, 컴퓨터 공학자는 쓸 말이 없어서 자기소개서를 쓰기 싫었던 것이다. 여러 차례 수정 끝에 한수는 꿈을 구체적으로 적지는 않았지만 코딩해 본 경험을 썼고, 후에 영재 학교에 합격하였다.

비슷한 시기에 준영이도 자기소개서를 못 쓰겠다며 영재 학교를 포기하 겠다고 했다. 같은 방법으로 준영이와도 대화를 시도하였고, 학교생활 기록부 를 꼼꼼히 살펴보며 꿈과 연결시킬 수 있는 소재를 찾아보려고 했다. 준영이는 수학을 특히 잘하는 편이었고, 수학과 연결시켜 수학자든, 컴퓨터 공학자든 꿈 을 이제부터라도 생각해 보면 좋을 듯한데, 한사코 자기는 그것이 꿈이 아니라 고 하였다. 준영이는 "나는 여태 학원 다니면서 공부한 것밖에 없어요. 수학 관 련 상장도 없고, 학교에서 활동한 것도 없어요. 그런데 어떻게 하고 싶은 것이 있겠어요?"라고 하며, 결국 영재 학교 지원을 포기하였다.

중학생이 되어서, 또는 고등학생이 되어서 꿈이 없어 자기소개서 쓰는 것이 두렵지 않으려면 초등학생 때 많은 경험을 쌓아 좋아하는 것이 무엇인지, 잘하는 것은 무엇인지, 내가 무엇에 푹 빠질 때 가장 행복한지 알아 가는 과정이 있어야 한다. 중학생은 아직 꿈이 없을 수도 있고, 만들어 갈 나이니 큰 문제는 아니지만 분명 꿈을 가진 자와 아닌 자는 차이가 있다.

왜 선발 과정에서 꿈을 쓰라고 하고, 그것을 자기 주도 학습과 연결시키라고 했을까? 꿈이 있는 사람은 하고 싶은 열정이 있고, 꿈을 이루기 위해 도전하는 용기가 있고, 단계별 목표를 세워 성취하려고 노력하는 성실함이 있고, 목표를 이루면서 열심히 사는 보람이 무엇인지 알기 때문이다. 그런 학생이 앞으로도 꿈을 꿀 줄 알고, 계획을 세워 공부할 줄 알고, 연구를 위해 현실의 불편함을 견디고, 즐거움을 미룰 줄 안다. 대학에서 학생을 선발할 때도 마찬가지다. 꿈과 진로가 확실한 학생과 그렇지 않은 학생 중 어떤 학생을 선택할까? 내가 입학 사정관이라고 거꾸로 생각해 보면 답이 나올 것이다.

초등학생 시절에 경험을 많이 해 보아야 꿈을 가질 수 있다. 내가 무엇을 했을 때 즐겁고 행복한지 여러 경험을 통해 생각하고 고민하고 실패하고 성취하는 과정 속에서 하고 싶은 것을 정하면 된다. 엄마는 그 경험을 이끌어 주는 안내자이다. 전시회나 체험전에 데리고 가거나, 문화 센터나 방과 후 학교, 예체능 학원 등에서 수업을 듣게 해 주거나, 놀이공원에 가거나 등산을 하는 것도 모두 경험이다.

《하버드 부모들은 어떻게 키웠을까》에는 롤러코스터에 푹 빠진 다니엘을 위해 가족 휴가를 갈 때마다 근처 놀이공원을 찾아 롤러코스터를 타게 해 준 이야기가 나온다. 다니엘은 50개나 되는 롤러코스터를 타게 되었고, 그가 가 보지 않은 놀이공원은 오하이오주에 있는 딱 한곳뿐이라고 했다. 다니엘은 롤러코스터에 관한 한 모르는 정보가 없었다. "이 롤러코스터는 높이가 67미터이고 낙하 길이가 18미터에 최고 속도가 시속 129킬로미터까지 나와." 이렇게 공부하다 보니 과학과 수학 기량을 익히게 되면서 어느새 두 과목을 좋아하게 되었고, '롤러코스터 설계자'를 꿈꾸었으며, 기계 공학을 전공하게 되었다.

다니엘의 부모는 좋아하는 것을 놀이라고 치부하지 않고, 더 깊은 관심을 갖도록 지원해 주고 역량을 키울 수 있는 기회를 주었다. 유년기에 품어 온 관심사가 진로와 꼭 연결되지 않을 수도 있다. 다니엘의 형 데이비드는 어릴 때 동네에서 파충류 박사라고 불릴 만큼 파충류에 푹 빠졌었지만 성인이 되어서는 판사가 되었다. 아이들의 관심사는 늘 바뀌기 마련이고, 꿈은 바뀌어도 된다. 꿈을 찾아 푹 빠져 본 경험이 있는 아이는 나중에 다른 꿈을 꿀 때도 그때 쌓았던 기량을 발휘한다. 부모는 꿈의 안내자가 되어 아이가 좋아하는 것을 찾아 다양한 경험을 하게 해 주어야 한다. 그런 기회들이 쌓였을 때 비로소 꿈도 찾을 수 있고, 꿈을 이루기 위해 열정도 쏟으며, 사춘기 꿈 찾기 방황도 줄어들 수 있다.

"부모는 꿈의 안내자, 자녀가 꿈을 찾도록 다양한 경험을 하게 해 주세요."

06
공부에 푹 빠지게 만드는
꿈 솔루션

리수는 "이다음에 공부도 못한 피겨 선수가 되면 안 되잖아요."라면서 운동을 다녀와서 아무리 시간이 늦더라도 영어, 수학 공부를 꼭 하고 잤고, 학교에서 쉬는 시간에도 틈틈이 공부를 했다. 리한이는 "코딩을 잘하려면 수학을 잘해야 돼."라는 선생님의 말씀을 가슴에 새기며 수학 문제집 풀기를 좋아했다. 꿈을 꾸면 그 꿈을 이루기 위해 스스로 공부를 열심히 하는 효과가 있다.

꿈은 공부를 잘하기 위한 가장 중요한 동기이다. 꿈이 꼭 직업은 아니어도 되고, 꿈은 바뀌어도 된다. 그렇지만 꿈을 만들어 본 사람만이 또 다른 꿈을 꿀 수 있기에 지금 아이의 나이와 상황에 맞는 꿈을 만드는 것이 좋다. 꿈은 어떻게 만들 수 있을까?

꿈 만들기 솔루션

1 놀이로 감성의 토양을 만들어 준다.
2 부모가 꿈의 안내자가 되어 다양한 경험을 하게 해 준다.
3 자녀가 하고 싶다고 할 때 시작한다.
4 한번 시작했으면 꾸준히 하게 한다.
5 엄마도 엄마만의 꿈을 꾼다.
6 자녀와 함께 꿈 목록을 적는다.

첫째, 놀이로 감성의 토양을 만들어 준다.

다양한 놀이를 해 주고, 웃을 기회를 많이 만들어 주고, 가끔은 유머스러운 엄마가 되어 아이랑 잘 놀아 주면 감성이 잘 발달할 수 있다. 집에서 할 수 있는 종이접기, 클레이 아트, 인형 놀이, 뜯어 만드는 세상 만들기, 블록 쌓기 등도 모두 감성 토양을 쌓는 훌륭한 놀이이다. 이 중 가장 하기 힘든 것이 유머스러운 엄마인데, 아이와 '유머' 코드가 통한다면 가히 최고의 엄마라 할 수 있다. '유머'가 통한다는 것은 엄마와 소통이 잘되고 있다는 증거이며, 이로 인한 뇌 발달은 엄청나다. 꿈은 풍부한 감성 소통의 장에서 자란다.

둘째, 부모가 꿈의 안내자가 되어 다양한 경험을 하게 해 준다.

자녀가 어떤 것을 좋아할지, 어떤 분야에 재능이 있을지 확인해 보기 전에는 알 수 없다. 펜싱 선수, 웹툰 작가, 아이돌 같은 직업을 가진 자녀가 있는 분들도 다들 자녀가 그것을 선택할 줄은 몰랐다고 한다. 어떤 가능성을 지녔을지 모르기 때문에 이를 알아보기 위해서라도 다양하게 배워 보는 것이 좋다. 바이올린이나 피아노도 좋고, 종이접기나 클레이 아트도 좋고, 스포츠 댄스나 아이돌 댄스도 좋고, 웅변이나 컴퓨터도 좋다. 기회만 허락된다면 최대한 많은 분야를 배우게 해 주자. 모든 것을 꾸준히 배우기는 힘들다. 그럴 때는 전시관이나 체험전에 데려가 보자. 천문대에 가서 별을 보거나 과학관에 가서 체험을 해 보거나 키자니아에서 직업 체험을 해 보는 것도 경험을 늘리는 방법이다.

셋째, 자녀가 하고 싶다고 할 때 시작한다.

아이 잘되라고, 나처럼 되지 말라고, 내가 실패했던 길은 가지 말라고 미리 알아봐 주고 준비해 주는 행동은 아이의 간절함을 빼앗아 버린다. 간절함이 없으면 꿈의 토양이 잘 자라나기 어렵다. 조금 불편하더라도 아이의 자아를 인정하고, 아이의 자기 선택권과 개별 인격을 인정하고 스스로 선택할 수 있도록 기회를 준다면, 배움에 있어 훨씬 더 큰 결과를 낳을 수 있다. 리수는 영어, 컴퓨터, 피겨 스케이팅, 합창, 아이돌 댄스 등 대부분 배우고 싶은 것을 스스로 선택했다. 아이들도 자기가 선택한 일을 잘하려는 책임을 진다. 주도성이 자랄 때 그 주도성을 꺾지 말고 스스로 선택하여 배우게 해 주면, 훗날 자녀의 꿈이 이루어지는 신비한 경험을 할 수 있을 것이다.

넷째, 한번 시작했으면 꾸준히 하게 한다.

꾸준히 하는 것은 꼭 부모가 도와주어야 한다. 부모들은 아이가 중도 포기하는 것을 아이가 인내심이 없거나 능력이 부족하거나 게으르기 때문이라고 생각하지만, 그 이유는 대부분 부모의 비난을 견딜 수 없어서이다. 부모가 잘잘못을 따지지 않고 비난만 하지 않더라도 아이는 좋아하는 것을 계속하고 싶어 한다. 아이의 능력치는 모두가 똑같지 않고, 부모의 기대는 항상 크기 때문에 기대보다 성과가 나타나지 않는 일은 항상 발생한다. 그런데도 기다려 주지 않고 자꾸만 평가가 더해지면 아이는 의욕을 잃는다. 꾸준히 하고 있는 것만 해도 잘한다고 인정해 주면, 그 인정에 대한 보답으로 더욱 노력할 것이다. 평가나 비난을 하지 말고 어느 정도 성취에 이를 때까지 기다려 주자.

다섯째, 엄마도 엄마만의 꿈을 꾼다.

부모는 자녀의 거울이라고 했다. 꿈이 없는 부모 밑에서 "꿈을 가져!", "꿈이 뭐니?"라고 아무리 이야기해 봤자 꿈이 생길 리 만무하다. 부모가 자신만의 꿈을 꾸고, 자신의 꿈에 대해 이야기하고 행복해하면, 자녀도 자연스럽게 꿈을 꾸게 된다. 부모가 자신만의 꿈을 꾸고 이를 이루려 노력하는 모습을 보여 준다면, 이는 더할 나위 없이 좋은 교육이 될 것이다.

여섯째, 자녀와 함께 꿈 목록을 적는다.

이 모든 활동을 당장 실천하기 힘들다면, 자녀와 함께 각자 자기의 꿈 목록을 다섯 가지씩 적는다. 꿈 목록을 적으면서 서로 꿈 얘기를 하다 보면 그것만으로도 꿈의 토양이 만들어진다. 리한이는 초등 2학년 때 '꿈 목록 적기'를 했다. '화성에 가는 최초의 인류가 되고 싶다, 세계 최고의 과학자가 되고 싶다, 태권도 사범이 되고 싶다, 보니하니 경품을 받고 싶다, 과학동아 기자단이 되고 싶다.' 등을 적었는데, 보니하니 경품 받기는 꾸준히 전화로 이벤트에 응모하면서 《브리태니커 백과사전》에 당첨되는 행운을 얻었고, 과학동아 기자단이 되어 기사도 쓰고 상품으로 침낭을 받았다. 이루지 못한 꿈도 있지만, 꿈을 적고 꿈에 도전하면서 열정과 용기를 갖게 되었다.

꿈은 인생을 행복하게 해 준다. 꿈을 이루기 위해 목표를 세우고 도전하면서 하나씩 이루어 가는 것은 설렘과 도전, 즐거움의 연속이다. 내가 하고 싶은 것을 이룬다는 것은 세상을 살아가는 데 가장 기쁜 일이다. 꿈이 있는 사람에게는 열정과 긍정의 에너지가 느껴진다. 열정과 긍정은 모든 성공의 기반이다.

"작은 꿈부터 하나씩 이루면 더 큰 꿈을 꿀 수 있다."

나는 자녀가 꿈을 꾸게 해 주는 엄마일까?

나에게 해당하는 문장에 ☑표 하세요.

☐ 자녀와 놀이를 자주 하는 편이다.

☐ 나는 유머스러운 편이다.

☐ '고마워', '좋아', '잘했어' 등 긍정의 말을 하는 편이다.

☐ 자녀가 스스로 잘할 수 있다고 믿는 편이다.

☐ 무엇을 배울 때 자녀가 하고 싶다고 해야 시작하게 해 준다.

☐ 자녀의 눈높이에 맞는 여행을 하는 편이다.

☐ 자녀가 하고 싶은 것이 무엇인지 잘 파악하고 있다.

☐ 나는 자녀와 관련된 꿈 아닌 나만의 꿈이 있다.

☐ 나는 꿈을 위한 준비를 지금 진행하고 있는 중이다.

☐ 자녀를 박물관에 데려간 적이 있다.

☐ 자녀를 과학관에 데려간 적이 있다.

☐ 자녀를 미술 전시회에 데려간 적이 있다.

☐ 자녀를 체험 학습에 참여시켜 준 적이 있다.

☐ 자녀와 함께 직업 체험 테마파크에 간 적이 있다.

☐ 자녀와 꿈에 대해 대화를 하는 편이다.

☐ 자녀와 연극 관람을 한 적이 있다.

☐ 자녀와 스포츠 경기 관람을 한 적이 있다.

☐ 자녀의 선택을 먼저 존중해 주는 편이다.

☐ 자녀가 놀이와 취미 생활을 꼭 해야 한다고 생각한다.

☐ 자녀와 함께 꿈 목록 적기를 해 본 적이 있다.

13개 이상

와우 ~! 훌륭해요! 자녀가 꿈을 꿀 수 있게 해 주는 엄마시네요. 대단하세요. 엄마의 꿈과 자녀의 꿈이 함께 이루어지면 정말 좋겠어요.

8개 이상 12개 이하

보통이에요. 이 정도만 해도 잘하고 계세요. 꿈을 꾸는 것이 어디 쉬운가요? 지금까지도 잘해 왔으니 조금만 더 노력해 볼까요?

7개 이하

조금 아쉬워요. 노력을 하고 계시는데, 아직은 부족해요. 자녀와 함께 꿈을 꿀 수 있도록 우리 더 잘해 보아요. 엄마는 할 수 있어요. 엄마니까요.

"내가 꼭 실천하고 싶은 한 가지를 골라 적어 보세요."

Chapter 3

공부 잘하는 기초를 만드는
'책 읽기'

공부를 잘하기 위해
가장 중요한 것은 무엇인가요?

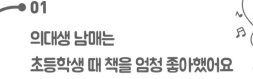

01
의대생 남매는
초등학생 때 책을 엄청 좋아했어요

리한이는 정시를 1년 준비해서 의대에 진학했다. 대학 입시는 크게 수시와 정시로 나뉘는데, 수시는 학교생활 기록부와 자기소개서, 추천서 등을 내고 서류 심사와 면접을 통해 진학하는 제도이고, 정시는 수능 성적으로 진학하는 제도이다. 리한이는 고교 3년 동안 수시만 준비했기 때문에 정시를 보려면 별도로 수능 공부가 필요했다. 그동안 공부해 보지 않은 국어 과목이 가장 큰 걱정이었다. 그런데 뜻밖에 재수 학원 입학시험에서 국어에서 가장 좋은 점수를 받았다. 6월 모의고사에서도 흡족한 점수를 받은 후 리한이가 말했다.

"내가 이렇게 국어를 잘하는 줄 몰랐어요."
"그래? 엄마는 알았는데…."

"어째서요?"

"어릴 때 책을 많이 읽었잖아. 잘할 거라고 믿었어."

"제가요? 책을 많이 읽었어요?"

"그랬지. 아마 거의 하루 종일 책을 읽었을 거야. 집에 있는 책을 모두 읽었고, 읽은 책도 또 읽었어. 네가 좋아했던 우주 백과는 표지가 너덜너덜해질 때까지 읽었고, 길을 걸어갈 때도 책을 읽다가 가로수에 부딪힐 뻔한 적도 있어."

"그랬군요, 어쩐지…. 학원 선생님이 그러는데, 국어는 어릴 때 책 많이 읽은 사람 못 따라간대요."

국어는 책 읽기가 생명이다. 국어뿐 아니라 모든 공부는 책 읽기에서부터 시작한다. 초등학생 때 책을 많이 읽는다는 것은 이미 출발선을 앞당겨 놓는 효과가 있다. 나는 책을 좋아하게 하고, 책을 많이 읽게 하고, 책을 잘 읽게 하는 데 가장 많은 공을 들였다. 책 읽기는 이다음에 공부를 잘하게 하는 가장 좋은 기초다. 리수와 리한이 의대생 남매는 초등학생 때 둘 다 책을 매우 좋아했다.

리수가 다섯 살 때 일일 학습지를 해 주고 싶어 찾아보다가 노벨과 개미를 시작하게 되었다. 동화책을 사은품으로 준다는 말에 솔깃하여 가입하였다. 리수와 함께 어린이집에서 돌아와 보니 학습지보다 먼저 동화책이 도착해 있었다. 애니메이션 동화책이라고 공주 그림이 나오는 동화책이었다. 리수는 입구에 들어서자마자 포장을 풀어 달라고 해서 읽기 시작하더니 15권을 앉은자리에서 단숨에 읽었다. 밤 9시가 되어 내가 읽지 못하게 말리자 그제야 "내일 다 읽을 거예요. 엄마, 책 치우지 마세요."라고 했다. 다음 날 아침 일찍 일어나자마자 남은 15권을 또 단숨에 읽었다. '대단해!' 엄마인 나조차 깜짝 놀랐다. '책을 이렇게 좋아하다니! 이렇게 집중을 잘하다니!'

이날 우리는 셋이 '매일 5권씩 소리 내어 책 읽기'를 약속했다. 그때부터 나는 아이들과 책 읽는 것이 더 신이 났다. 그동안에도 늘 소리 내어 책을 읽어 주고 있기는 했지만, 하다 말다 했는데, 이제 진짜 매일 실천하기 시작한 것이다. 우리는 창작 동화, 전래 동화, 위인 동화, 과학 동화, 수학 동화를 골고루 돌려 가며 읽었다.

매일 5권이지만 두 아이가 선택하니 10권이었다. 우리 셋은 매일 함께 같은 책을 10권씩 읽는 가족이 되었다. 주말에는 아빠도 동참했다. 하루 10권씩 책 읽는 것이 어디 쉬운가? "아이들한테 아빠의 목소리도 들려줘야지. 얼마나 좋은데…"라며 주말이 되면 그 역할을 아빠에게 떠넘겼다. 그래야 내가 쉴 수 있으

니까… 다행히 아빠도, 아이들도 좋아했다. 그렇게 가족이 함께 책을 읽으며 우리의 책 읽기 습관은 무럭무럭 자랐다.

리수가 다섯 살 때부터 초등 1학년 때까지 읽었던 책들은 한 권을 읽는 데 5분 정도면 되어서 1시간 내에 10권을 모두 읽을 수 있었는데, 리수가 초등 2학년이 되면서 전집을 바꿔 주고 시리즈도 추가하다 보니 글밥이 훨씬 많아져서 책 읽기가 힘들어졌다. 시간도 많이 걸리고 목도 아팠다. 나는 꾀를 내어 "이제부터는 엄마도 읽고, 리수도 한 권 읽고, 리한이도 한 권 읽고, 서로 읽어 주기로 하자.", "네!" 다행히 아이들은 매우 좋아했다. 그뿐만이 아니다.

어린이를 위한 세계 문화, 세계사, 한국사 책을 들였지만 아이들은 그 책을 고르지 않고, 자꾸만 창작 동화, 자연 관찰, 과학 동화만 읽으려고 했다. 또다시 꾀를 내어 5권의 책 중 2권은 엄마가 선택하고 3권은 아이들이 선택하기로 했다. 아이들에게만 맡기면 내가 읽어 주고 싶은 책을 읽어 주지 못하기에 나도 선택권을 갖기로 약속했다. 이따금 내가 고른 책이 1권이거나 없기도 했지만 괜찮았다. 그렇게 서로 주거니 받거니 하면서 리수가 다섯 살, 리한이가 세 살 때부터 시작해서 '매일 잠들기 전 5권씩 책 읽기'를 10년간 했다.

이후 한국 문학과 세계 명작까지 어린이 전집 전문 서점에서 더 이상 구입할 전집이 없을 때까지 책을 사서 읽게 했고, 홈쇼핑에서도 책을 사고, 서점에서 구입한 시리즈도 많다. 그중 비룡소 그림책은 아이들이 매우 좋아했다. 그밖에 만화책 시리즈와 단행본을 구입하기도 했고, 《어린이 과학동아》, 《과학쟁이》, 《과학동아》, 《수학동아》, 《뉴턴》도 정기 구독해서 보았고, 서점에 가서 빌려 보기도 했으니 읽은 책이 어림잡아 3천 권 정도는 되는 것 같다.

아이가 글을 깨우치기 전에는 글자를 읽지 못하니 소리 내어 읽어 줄 수밖에 없지만, 아이가 글을 깨우친 후에는 책을 잘 읽는 것으로 생각하여 혼자 읽도록 내버려 둘 수 있다. 아이가 혼자 책을 읽으면 읽는 것으로 생각하기 쉽지만, 사실 그렇지 않다. 아이는 그저 글자만 읽고 있는 것일 뿐, 제대로 이해하면서 읽는 것이 아니다. 이해는 비문학에서만이 아니라, 문학에서도, 동화에서도, 만화책에서도 필요하다. 그러므로 글자를 알더라도 아이가 책을 완전히 이해할 때까지 소리 내어 읽어 주는 일을 꼭 해야 한다. 소리 내어 책을 읽어 주면 엄마의 읽는 느낌으로 내용을 잘 받아들일 수 있게 되고, 책의 재미도 더 느끼게 된다. 더불어 엄마의 목소리로 사랑도 전해진다. 그렇게 책으로 사랑을 듬뿍 받은 아이는 틀림없이 공부를 잘하게 될 것이다.

"매일 잠들기 전 5권씩 소리 내어 책 읽기는 책을 재미있게 해 준다."

책 그림, 책 연극, 책 일기 활동으로 표현력을 길렀어요

리수와 리한이는 책을 매우 좋아했고, 거실을 도서관처럼 꾸며 놓고 늘 책을 읽도록 해 주었지만 집에서 읽기만 하는 데는 한계가 있었다. 가끔은 서점에도 가고, 도서관에도 가서 집에 없는 책들을 읽고, 한 권 사 오기도 하고, 빌려 오기도 했다. '이다음에 논술을 하려면 책을 표현할 수도 있어야 하잖아? 그런데 아직은 독후감을 쓸 정도는 아니니 무엇을 해 주면 좋을까?' 궁리하던 중 우리가 자주 다니던 도서관의 '동화책 감상화 그리기반'이 생각났다. '옳거니! 이거 책 그림 활동으로 아주 좋겠어.'라며 따라 하기 시작했다. 우선은 크레파스와 스케치북을 싸 가지고 도서관에 가서 마음껏 책을 읽은 후 그림을 그리게 했다.

"오늘 읽은 책 중에서 그림 그리고 싶은 책이 있어?"

"여기요!"

"리수가 그리고 싶은 대로 그려 봐."

"표지를 똑같이 그려도 돼요?"

"그럼, 똑같아도 돼."

리수는 《꼬마 구름 파랑이》 책 표지를 그대로 베끼면서 글쓴이와 그림 그린 이까지 써넣었다.

"오늘은 어떤 책을 그리고 싶어?"

"오늘은 만화책만 읽었는데 그려도 돼요?"

"그럼~"

《신들의 왕 제우스와 헤라》는 만화책이라서 그런지 그림에 말풍선 대사도 써넣었다. 《태양의 가족들》이라는 과학책을 읽고 나서는 태양계의 행성들을 그렸다. 별다른 방법은 없었다. 그저 책을 읽은 후 그리고 싶은 그림을 자유롭게 그리면 되었다. 책 그림 활동을 해서인지 리한이는 '제9회 바다 그리기 대회'에서 특선을 받기도 했다. 과학 그림책 중에서 바닷속 그림을 무척 좋아하더니, '바다 그리기'라고 할 때 바닷속을 상상했던 모양이다. 나는 이러한 활동이 나중에 독후감을 잘 쓰는 것으로, 더 나아가 논술을 잘하는 것으로 연결될 것이라 기대했다.

책으로 연극하는 놀이도 했었다. 리수, 리한이와 어릴 때 자주 방문했던 문화 센터에서는 '어린이 극장'에서 매주 연극 공연을 했다. 집에 돌아와서 "우리도 연극을 따라 해 보자." 하면서 역할놀이를 했다. 하루는 리수가 《어린 왕자》를 연극하고 싶다고 했다. 나는 당연히 리수가 장미꽃, 리한이가 어린 왕자일 것이라 생각했는데, 그것은 어른의 고정 관념이었다. 리수는 자기가 어린 왕자를 하겠다며 보자기로 망토를 만들어서 입고, 동생에게는 장미꽃이라며 빨간모자를 씌워 주었다. 대사를 바꾸면 여우 탈로 바꿔 주기도 하고, 비행사 가면으로 바꿔 주기도 했다.

"대사는 내가 할 거니까, 넌 들어." 하더니
"어른들은 누구나 처음엔 어린이였어. 하지만 그것을 기억하는 어른들은 거의 없단다."
"그 사람에게 무엇이 가장 소중한지 어른들은 궁금해하지 않아."
"사막이 아름다운 건 어딘가에 우물을 감추고 있기 때문이야."
"언제나 같은 시각에 오는 게 더 좋아. 이를테면, 네가 오후 네 시에 온다면 나는 세 시부터 행복해지기 시작할 테니까."

리수의 연극을 보며 나도 가슴이 뭉클했다. 리수가 그 대사의 뜻을 알기는 했을까? 나는 행여 "그 대사가 무슨 뜻인지 알아?"라고 물었다가 다시는 연극하기 싫다고 할까 봐 묻지 않았다. 아마도 그 내용이 멋져 보여서 자기도 말하고 싶어서 그런 연출을 했나 보다. 책을 읽고 표현하는 경험을 하면 머릿속에 생각한 바를 구현해 낼 수 있는 능력을 키워 주므로, 이다음에 공부를 잘하는 아이가 될 수 있다.

책을 보면서 장면을 어떻게 표현할까 상상하는 것은 매우 중요하다. 이는 공부를 잘하게 해 주는 상상력과도 연결되고, 뉴턴이나 아인슈타인처럼 세계적인 발명과 연구를 하는 데도 활용된다. 그림을 그리기 전에 머릿속에 상상하는 작업을 먼저 하는데, 뇌에서 상상한 것을 그대로 표현하는 것은 건축가나 과학자가 되었을 때 하는 활동과 비슷하다. 책을 보면서 글만 읽을 것이 아니라 그림과 연결하여 상상하고, 그것이 또 현실에 나타났을 때는 어떠한지 표현하는 작업은 마치 과학자가 상상한 이론을 연구하는 과정과도 같다. 동화책을 읽고 그림으로 표현해 보는 연습을 해 보는 것이 좋다. 그래야 나중에 글만 보고도 머릿속에 상상을 하고, 상상한 내용을 그림이 아닌 글로도 쓸 수 있다.

'책 일기' 활동도 했다. 따로 일기장을 만들지 않고, 어차피 학교 숙제였던 일기에 자주 활용했다. 리수는 일기 쓸거리가 없을 때 《엄마 돌보기》라는 책을 읽은 일기를 썼다.

4월 1일 일요일, 날씨 황사

새디는 남의 아이를 돌보는 일을 하는 엄마와 말썽만 일으키는 동생 사라와 함께 살고 있는 아홉 살 소녀입니다. 일주일 동안 학교가 방학에 들어가자 새디는 엄마와 재밌는 시간을 보내고 싶었습니다. 하지만 엄마는 심한 독감에 걸려 앓아누워 버렸답니다. 새디가 다른 아이들은 물론이고, 엄마까지 돌보게 생겼습니다. (중략) 주인공 새디가 엄마를 끔찍이 위하는 모습에 가슴이 뭉클해집니다. 이렇듯 《엄마 돌보기》는 가족 간의 사랑을 흠뻑 느낄 수 있는 이야기입니다. 발랄함과 재미에 그치지 않고 따뜻함이 묻어나는 작품이지요.

논술을 잘하게 해 준다고 처음부터 독후감을 쓰고, 토론을 하고, 논술을 해 보라 하면 책 읽기가 싫어질 수 있다. 특히 초등 저학년 때는 아직 책을 읽고 생각을 쌓는 시기이므로, 글로 접근하면 부담이 된다. 책 그림, 책 연극 활동을 하면 글로 써야 한다는 부담을 덜 수 있고, 차츰 책 일기로 바꾸어 주면 글쓰기 실력으로 이어질 수 있다.

책은 갈 수 없는 곳을 가 볼 수 있고, 경험하지 못한 것을 경험할 수 있고, 상상할 수 없는 것을 상상해 볼 수 있는 아주 좋은 도구이다. 상상력, 창의력은 초등학생 때 많이 발달하며, 미래 사회의 인재에게 꼭 필요한 능력이다. 상상한 것을 그림과 연극, 글로 표현하면 상상력을 더욱 풍부하게 기를 수 있다. 독후감이나 논술로만 책을 읽고 표현할 수 있는 것은 아니다. 그림, 퀴즈, 일기 등 다양한 책 활동을 통해 상상력과 표현력을 키워 공부를 잘할 기반을 만들어 보자.

"책 활동으로 상상력과 표현력을 키우면 공부를 잘하게 된다."

03
초등 고학년 넘어갈 때
반드시 해야 할 긴 호흡의 책 읽기

리수, 리한이도 처음에는 아주 짧은 글감의 책부터 읽기 시작했다.

"사과가 쿵!"

"아기가 아장아장, 개구리가 팔딱팔딱"

"옛날 옛날에 팥죽 할머니와 호랑이가 살았는데, 어느 날 호랑이가 할머니 집에 찾아왔어요. 어~홍"

"펠레한테는 새끼 양 한 마리가 있었어요. 펠레는 누구의 도움도 받지 않고 혼자서 새끼 양을 잘 보살펴 주었답니다. 새끼 양은 무럭무럭 자랐어요. 펠레의 키도 쑥쑥 자랐지요. 하지만 새끼 양의 털이 길어질수록 펠레의 외투는 점점 짧아졌답니다. 어느 날 펠레는 가

위로 새끼 양의 털을 깎았습니다."

처음에는 한 권 읽는 데 2분 정도 걸렸다가, 5분 정도 걸렸다가, 10분 정도 걸렸다가, 30분 정도 걸렸다. 소리 내어 5권씩 책 읽는 것은 어디까지나 한두 시간 분량이지, 한 권에 30분이 넘게 걸리는 책을 5권이나 읽을 수는 없었다. 매일 소리 내어 책 읽기는 10권에서 시작했다가 점차 줄어 5권이 되었다. 한 권에 30분씩이나 되는 분량까지 가자, 아이들도 하기 싫어했다. 교과서 한국 문학이나 세계 지리 같은 책들은 나에겐 훌륭해 보였으나, 아이들에겐 읽기 싫은 책이되었다. 겨우 한 번 정도 읽더라도 다시 읽는 책 범주에 들어가지는 못했다. 책 그림, 책 연극, 책 퀴즈 등 다양하게 책으로 표현하고 놀아 보려는 노력도 했지만, 그것도 긴 책 앞에서는 당해 내질 못했다. 초등 3학년 때 리수가 말했다.

"제가 알아서 읽을게요."

나도 책 읽어 주기가 귀찮았던지라 '초등 3학년쯤이면 이제 혼자서도 잘 읽겠지.' 라며 스스로 위안을 하며 리수가 혼자 읽도록 내버려 두었다. 그런데 차츰 시간이 지나면서 리수를 관찰해 보니 도통 책을 읽지 않았다. 원래 애들이 알아서 한다는 말은 안 하겠다는 거다.

"리수야, 혼자 잘 읽는다며, 그런데 왜 안 읽는 거야?"
"그게…. 책이 재미없어요."
"엄마가 다 너 공부 잘하라고 사 준 거잖아. 왜 못 읽어?"

"잘 안 읽혀요."

"엄마가 읽어 줄게."

"엄마가 읽어 주셔도 재미없어요."

아무리 지루하고 어려운 책이라도 엄마가 소리 내어 읽어 주기만 하면 다 되는 줄 알고 있었는데 그것도 아닌가 보았다. '이러다가 긴 책을 싫어하면 어떡하지? 교과서는 다 긴 책인데? 공부 잘하라고 너무 교과서 관련 책들만 전집으로 샀나 봐. 리수의 눈높이에 맞는 좋아할 만한 책 읽기를 해 보자.' 리수에게 긴 호흡의 책 읽기는 꼭 필요하다고 알려 주고, 네가 고르는 책으로 읽어 보자며 함께 서점에 갔다. 리수는 삼성출판사의 여섯 공주 시리즈를 골랐다. 내가 보기엔 공부에 도움이 전혀 안 되는 것 같은 이야기였지만 리수를 믿어 보았다.

"지금부터는 긴 책에 적응하게 읽을 거야. 긴 책은 하루에 읽을 수 없으니 엄마가 다섯 페이지 읽고, 네가 다섯 페이지 읽고 그렇게 30분만 읽고, 나머지는 다음 날 읽도록 하자."

"엄마, 근데 혼자서 하루에 읽을 수 있어요."

"리수가 책을 혼자서도 잘 읽는 거 엄마도 알지. 이건 네가 좋아하는 책으로 끊어 읽기를 연습하는 거야."

"끊어 읽기요?"

"끊어 읽기는 긴 호흡의 책을 한 번에 읽을 수 없을 때, 매일 조금씩 읽어서 며칠 걸려서 한 권 읽는 방법을 말해."

"왜 그렇게 해야 하는데요?"

"교과서는 항상 한 권의 책이잖아. 그 정도 분량은 조금 지루한 내용이더라도 끊어 읽어서 완독을 할 수 있어야 돼. 그래서 좋아하는 책으로 먼저 연습하는 거야."

"아! 알겠어요. 엄마가 말했던 교과서 읽기와 연결이 되어야 한다던 그 얘기이지요?"

"그래, 맞아. 한번 해 보자."

"네!"

리수가 골랐던 여섯 공주 이야기 시리즈로 우리는 조금씩 끊어 읽어서 완독하기를 연습했고, 한 권은 3일 정도 걸렸다. 사실 앉아서 집중해 읽으면 한나절이면 읽을 수 있는 분량이었지만 나중에 교과서를 잘 읽을 준비를 하려고 했던 일이다. 긴 호흡의 책을 끊어 읽을 수 있어야 교과서를 읽을 줄 알게 되고, 긴 분량의 책도 읽을 수 있다. 두꺼운 책을 읽을 수 있는 능력을 갖추는 것이야말로 공부를 잘할 수 있게 만드는 기본이다.

오랫동안 짧은 동화책, 재밌는 만화책 위주로 읽어 왔던 습관은 바로 고쳐지지 않는다. 그래서 조금만 길어져도 읽고 싶지 않다며 책을 덮어 버리는 습관이 생겨 버린다. 짧은 책이라도 끊어 읽어서 완독하기의 과정이 없으면, 분량이 많아지면 당연히 독서를 중단하게 된다. "어렸을 땐 책을 좋아했는데, 요즘엔 안 읽어요."라는 얘기를 하는 것은 긴 책 끊어 읽기를 제대로 연습하지 않아서이다. 초등 3학년 정도 되면 글자도 알고, 책도 읽을 만한 것 같아서 혼자 읽겠다고 하면 당연히 하겠지 싶어서 내버려 두는 경우가 많은데, 이때 내버려 두었다가는 교과서를 읽는 것조차 힘들어하게 될 수도 있다. 긴 호흡의 책 읽기를 끊어 읽어서 연습하는 것은 나중에 교과서를 잘 읽게 하기 위해 반드시 거쳐야 하는 과정이다.

좋아하는 책으로 끊어 읽기를 완독한 후에는 조금 더 그림이 없고 분량이 많은 책으로 끊어 읽기를 해 보아야 한다. 리수가 초등 4학년 때 시공주니어 문고를 사 주고, 그중 《샬롯의 거미줄》을 골라 끊어 읽기를 연습했다. 영화를 보여 주고 연습하니 훨씬 집중이 잘되었고, 그 후엔 무난하게 자기가 읽고 싶은 책을 며칠씩 끊어 읽을 줄 알게 되었다.

공부를 잘하기 위해서는 긴 호흡의 책을 읽는 능력이 필수다. 교과서 두께 정도 되는 분량의 책은 읽을 수 있어야 한다. 다행히도 교과서는 매우 두껍지는 않고, 대략 200페이지 정도이다. 이 정도는 내용을 잘 알고 있는 어른이 빨리 읽으면 하루면 읽을 수 있다. 초등학생이라면 이 정도 두께의 책을 읽는 데 걸리는 시간은 크게 상관이 없지만, 끝까지 읽을 수 있어야 한다. 교과서를 완독할 수 있고, 없고의 능력은 나중에 공부를 잘할 수 있고, 없고를 좌우할 정도로 중요하다. 교과서를 끝까지 읽을 수 있는지 한번 점검해 보고, 만일 읽을 수 없다면 지금부터라도 끊어 읽기 연습을 해 보기를 권한다.

> "끊어 읽기로 긴 호흡의 책 읽기를 연습하면 교과서를 잘 읽게 된다."

04
"책이 싫어요." 말하는 초3도
책을 좋아하게 바꾸는 책 활동

다현이는 일곱 살에 중학생 언니를 따라 괌으로 어학연수를 갔었고, 언니가 미국에 있는 학교에 진학하면서 초등 2학년에 한국으로 들어왔다. 엄마와 떨어져 살기는 했지만 돌봐 주시는 분이 계셨고, 언니와 함께 있었고, 책도 많이 사서 보냈기에 한국어에 대한 염려는 크게 하지 않았다. 그런데 뜻밖에도 학교 공부를 힘들어하더니 초등 3학년 때 '이해력이 떨어진다.'라는 얘기를 들어서 다현이 엄마와 만나게 되었다.

"괌에 있을 때는 크게 문제를 못 느끼셨죠?"

"영어는 잘해요."

"다현이에게 소리 내어 책 읽어 주실 분이 계셨어요?"

"책은 다현이 혼자 읽었어요. 글자는 다 익혀서 보냈거든요."

다현이에게 책을 읽어 보게 하니 읽을 줄은 알았다. 그런데 몇 가지 질문을 던져 보니 내용을 이해하지는 못했다. 등장인물이 누구인지 알고, 거기에 나오는 대사가 무엇이 있었는지 아는 정도였으며, 이야기를 전체적으로 파악하는 능력은 부족했다.

언어는 말로도 배우고 글로도 배우지만, 소통이 매우 중요하다. 밀접하게 마주치는 사람과 나누는 진심 어린 소통, 감정을 담아서 전달하는 말과 글들이 아이의 언어 감각을 살찌우는데 다현이에게는 그 과정이 없었다. 꿈에서 영어 수업을 했기 때문에 영어로 유창하게 대화하는 모습을 보며 아이가 언어를 잘한다고 잘못 생각하고 있었다. 언니는 자기 공부로 바빠 다현이에게 책을 읽어 줄 시간이 없었고, 그동안 책을 읽는 줄 알았지만 눈으로만 보고 마음과 머리로 이해하지는 못했다. "다현이 이해했어?", "다현이 다 했니?"라며 물어보는 담임 선생님 때문에 자신감도 떨어져 있었다. 책을 제대로 읽을 수 있는 능력은 물론, 긍정마음을 갖고 자신감을 북돋아 줄 책이 필요했다.

"다현이랑 동화책을 읽을 거예요."
"동화책요? 공부하려는 데 동화책이 필요해요?"
"어려서 동화책을 제대로 읽지 못해서 책이 얼마나 재미있는지 잘 모를 거예요. 그것부터 알게 해 주고 싶어요. 책을 좋아하게 한 후 읽기 기초 수업을 하면 공부로 자연스럽게 연결되어요."

《너는 특별하단다》, 《금메달은 내 거야》, 《끈기짱 거북이 트랑퀼라》 등 자신감과 용기를 북돋아 줄 책을 중심으로, 하루 5권씩 소리 내어 읽어 주고 책 활동을 하는 것으로 계획을 세웠다.

《너는 특별하단다》는 웸믹이라는 나무 사람들이 서로 금빛 별표와 잿빛 점표를 붙이는 이야기다. 나무 사람 펀치넬로는 잘 뛰지도 못하고, 칠이 벗겨져 있어서 그런지 아무리 노력해도 다른 나무 사람들이 자꾸만 잿빛 점표를 붙여 주었다. 펀치넬로는 별표도, 점표도 없이 깨끗해지고 싶었다. 펀치넬로를 만들어 준 엘리 아저씨는 "남들이 어떻게 생각하느냐가 아니라 내가 어떻게 생각하느냐가 중요하단다. 너는 특별해. 너는 내게 무척 소중하단다."라고 해 주셨다. 펀치넬로가 별표나 점표가 아닌 자신을 소중하게 생각하자 몸에 붙은 점표가 떨어졌다.

나는 스티커를 준비했다가 다현이에게 "우리도 웸믹 놀이를 하자."라고 제안했다. "예쁘니까 별표 하나!" 하고 다현이한테 붙여 주고, "책을 안 좋아하니까 점표 하나." 하고 붙여 주었다. 다현이는 "선생님도 예쁘니까 하나!" 하고 나한테 별표를 붙이고, "공부시키는 선생님이니까 점표 하나." 하면서 점표를 붙였다. 이렇게 몇 차례 별표, 점표를 붙인 뒤 " '나는 특별해, 나는 소중해.' 라고 하면서 자기가 스티커를 떼는 거야."라면서 "나는 책을 잘 읽는 선생님이니까 특별해."라며 내 몸의 스티커를 떼었다. 다현이도 "나는 나니까 소중해."라면서 자기 스티커를 떼었다. '나는 특별해, 나는 소중해.'를 몇 차례 하고 나니 왠지 마음이 따뜻해지는 기분이었다.

《금메달은 내 거야》의 흰개미 뽀동이는 풀꽃 마을 운동회에서 금메달을 목에 걸려고 열심히 연습을 했다. 다리 힘 기르기, 스트레칭, 참을성 기르기, 배

근육 만들기 등등. 그런데 멀리뛰기는 메뚜기가 우승을 하고, 스케이트는 소금쟁이가 우승을 하고, 달리기는 길앞잡이가 우승을 하고, 시끄러운 건 매미가 우승을 했다. 뽀동이는 아무것도 우승하지 못했다. 지치고 울적해진 뽀동이는 앉아서 나뭇가지를 마구 먹었고, 마지막으로 나뭇가지 빨리 먹기 경기 우승자를 발표하는데 바로 '뽀동이' 였다! 이처럼 누구든지 잘할 수 있는 것이 한 가지씩은 있다.

"우리도 금메달 놀이를 해 볼까?"라며 간단하게 할 수 있는 배드민턴 공치기, 줄넘기, 훌라후프 돌리기, 피자 많이 먹기 놀이를 하면서 운동회를 했다. 우리는 각자 한 가지씩 금메달을 목에 걸었다. 다현이는 훌라후프 금메달을 딴 나에게 "누구든 잘할 수 있는 게 한 가지씩은 있네요?"라며 웃었다.

《끈기짱 거북이 트랑퀼라》는 동물 나라 대왕 레오 28세의 결혼식이 열린다는 소식을 들은 거북이 트랑퀼라가 '몸이 크건 작건, 늙었건 어렸건, 사는 곳이 물이건 땅이건 동물이란 동물은 모두 초대받았으니 나도 당연히 가야지.' 라며 느릿느릿 한 발짝씩 결혼식을 향해 기어가는 이야기이다. 가는 길에 거미도, 달팽이도, 도마뱀도, 까마귀도 모두 안 된다고 불가능하다고 말렸지만 트랑퀼라는 "한 발짝씩 한 발짝씩 가면 돼."라며 결혼식에 참석하려는 꿈을 포기하지 않았다. 많은 세월이 지나 레오 29세의 결혼식에 참석하게 된 트랑퀼라는 비록 대왕은 바뀌었지만 결국 꿈을 이루었다. "거봐. 내가 제시간에 도착할 거라고 했잖아."

다현이는 받침이 있는 글자를 읽는 데 어려움이 있어서 "책에서 받침 있는 글자를 모두 받침 없이 읽어 보자. 받침을 읽는 사람이 지는 거야."라며 받침 글자를 없애고 "하 바짜씨 하 바짜시 가며 돼. 나무와 수으 지나 바이나 나이나 기어

가어요." 읽는데, 다현이가 "낄낄 깔깔" 댔다. 서로 주고받으며 한참을 웃고 난 후 다현이는 "받침 빼고 읽는 게 더 힘들어요. 받침을 잘 읽어야겠어요."라고 했다. 이후 모르는 단어의 뜻 찾아보기, 중심 문장 찾기, 요약하기, 내 생각 말하기, 일기 쓰기 등 책 활동을 2개월여 했고, 어느 날 어머니께 반가운 전화를 받았다.

"선생님! 다현이가 단원 평가 100점을 맞았어요. 감사해요. 다 선생님 덕분이에요."

"대단하네요. 다현이가 해냈어요."

그동안 다현이가 예전보다 책을 좋아하고, 스스로 책을 찾아 읽을 만큼 발전해서 기뻐하고 있었는데, 100점이라는 결과로 변화를 더 실감할 수 있었다. 물론 100점보다 더 좋은 것은 책의 재미를 알게 되었다는 것이다.

초등 3학년이면 '긴 호흡의 책을 잘 읽어야지.' 싶어 억지로 책을 읽게 할 경우 오히려 책을 싫어하게 될 수도 있다. 다현이처럼 오래도록 책 읽기 습관이 자리 잡히지 않은 상태에서 책을 못 읽는다고, 공부를 못한다고 자꾸 지적하거나 강제로 도와주려 하다 보면 거부감이 들 수도 있으므로, 아이보다 어린 연령에 해당하는 동화책부터 시작해서 책에 재미를 붙여 주는 것이 우선이다. 책이 재미있다는 것을 알아 갈 때쯤 책 활동을 통해 읽기 연습을 계속하면, 읽기 능력을 향상시킬 수 있고 그것이 나중에 공부로 연결될 것이다.

"책 읽기가 힘들 땐 동화책 책 활동으로 책을 좋아하게 해 주세요."

05
상위 0.1%가 되는 철학,
인문 고전 읽기

리한이는 초등 6학년 때 꿈이 변호사였다. 의사가 꿈이라고 하더니, 과학자가 꿈이었다고 했다가, 소프트웨어 개발자라고 했다가, 이제 변호사까지? 리한이는 꿈이 많았고 자주 바뀌었다. 리한이는 변호사 꿈 덕분에 철학과 인문 고전을 읽을 기회를 가질 수 있었다. 어느 날 리한이가 비장하게 말했다.

"저는 꿈을 찾았어요. 변호사예요."

"어째서?"

"저는 말하기를 좋아해요."

"엄마가 보기엔 그냥 자랑하기를 좋아하는 것 같아."

"아녜요. 오늘 학교에서 토론을 했는데, 제가 제일 잘했어요. 그건 변호사의 재능에 딱 맞아요."

"변호사가 토론을 잘하면 좋다는 건 어떻게 알았어?"

"《13살 내 일을 잡아라》 책에서 봤어요."

전부터 모든 학문의 출발인 철학을 읽게 해 주고 싶었어도 차일피일 미루고 있다가 '변호사가 꿈이면 책을 많이 읽어야 하겠지? 동화책이나 만화책으로는 부족해. 이제부턴 철학도 읽어야겠어.' 라고 생각했다. 철학을 읽는다는 것은 시대를 초월하는 최고의 스승에게 강의를 듣는 것과 같다. 리한이에게 철학책으로 생각하는 힘을 길러 주고 싶었지만 처음부터 완역본을 읽는 것은 무리일 것 같아 《재미있는 학습만화로 읽는 철학자 이야기》와 《철학자가 들려주는 철학 이야기》 시리즈를 사 주었다. 나도 철학에 관심은 있었지만 어렵다고만 생각하고 읽어 볼 엄두를 내지 못했는데, 이번 기회에 리한이와 함께 책을 읽었다.

《카네기 인간관계론》은 책을 읽고도 잘 기억이 나지 않았는데, 《재미있는 학습만화로 읽는 철학자 이야기》 시리즈 중 《인간관계를 풀어낸 카네기 이야기》를 읽었더니 훨씬 기억이 잘 되었다. 인간관계의 3가지 기본 원칙은 '첫째, 사람들을 비판, 비난하거나 불평하지 말라. 둘째, 솔직하고 진지하게 칭찬하라. 셋째, 상대방의 마음에 강한 욕구를 불러일으켜라.' 인데 자녀를 대할 때도 기본 원칙을 지켰더니 좋은 관계를 만드는 데 효과가 있었다.

'플라톤' 이라고 하면 '동굴의 벽에 비친 그림자만이 진짜라고 믿고 햇빛이 있는 세상은 거짓이라고 믿는 동굴의 비유' 만 떠올랐는데, 《플라톤이 들려주는 이데아 이야기》에서는 주인공 류팡이 그리스 로마 시대에 살았던 철학 거장들을 만나면서 대화를 하는 형식으로 이데아와 정의를 아주 쉽게 알려 주고 있다.

"국가는 지혜, 용기, 절제, 정의를 갖춘 사람이 통치해야 하며, 정의란 지혜, 용기, 절제가 조화롭게 발휘된 상태이다. 지혜란 곧 철학을 의미하며, 철학 하는 사람은 이데아를 배우고 닮아 가려고 노력해야 한다. 이데아란 영원이 변치 않는 절대적인 진실로 자유, 평등, 인권 같은 이상적인 형태로 존재한다."

내용이 아주 쉽게 설명되어 있어 《철학자가 들려주는 철학 이야기》 시리즈로도 충분히 생각하는 힘을 기를 수 있었다.

《리딩으로 리드하라》에서는 "세상의 0.1%가 되기 위해서는 인문 고전을 읽어라."라고 권하고 있다. "인문 고전 독서에는 두뇌를 변화시키는 힘이 존재한다. 만일 누구든지 인문 고전을 한 권이라도 제대로 뗀다면 그 사람의 두뇌는 반드시 변화한다. 0.1%의 천재치고 인문 고전에 깊이 빠지지 않았던 사람은 없다. 인문 고전은 100~200년, 1,000~2,000년 이상 된 지혜의 산삼이다. 계속 읽다 보면 마치 벼락처럼 두뇌가 충격적으로 바뀌는 순간이 온다."라고 하였다. 삼성 그룹 창업자 이병철의 '인재 경영'이 《논어》에서 나왔고, 이건희에게 단 한 권의 책을 추천했는데 그 책은 《논어》였다. 진정한 독서는 인문 고전 저자와 대화를 나누는 것이며, 가장 실천하기 좋은 방법은 필사라고 하였다.

쓰기 싫어하는 리한이를 위해 필사는 포기하고, 소리 내어 책 읽기로 《소크라테스의 변명》, 《논어》, 《맹자》, 《대학》을 읽었다. 내가 몇 페이지 소리 내어 읽으면, 리한이가 몇 페이지 소리 내어 읽기로 이 책들을 뗐고, 철학부터 인문 고전까지 엄마와 아이가 같은 책을 읽으니 대화의 소재도 풍부해졌다.

"칸트의 거짓말 알아요?"

"그게 뭔데?"

"무엇인가 사실대로 말하면 안 되는 게 있을 때 거짓을 말하는 것이

아니라 말하지 않는 것이에요. 그러면 거짓말이 아니에요."

"그렇구나, 리한이가 좋은 지혜를 깨달았네."

"《소크라테스의 변명》은 왜 읽어요?"

"인문 고전을 읽으면 지혜로워진대."

"지혜로우면 뭐가 좋은데요?"

"지혜를 가지면 세상의 0.1% 리더가 될 수 있어."

"리더가 돼서 뭘 할 건데요?"

"리더는 세상을 이끄는 훌륭한 일을 하는 사람을 말하지."

"왜 세상을 이끌어야 돼요?"

"사람은 누구나 위대한 일을 하고 싶어 한단다."

"왜 위대한 일을 하고 싶어 하죠?"

"이 녀석! 너 소크라테스 흉내 내는구나! 엄마 놀리는 거지?"

"하하하, 소크라테스가 질문을 많이 하라고 했잖아요. 왜요? 엄마, 싫으세요?"

인문 고전 책을 읽었다고 해서 책의 모든 내용들을 기억하거나 지혜를 얻는 데 커다란 영향을 끼친 것은 아니지만, 학교 도서관에서 비교적 어려운 책들도 빌려 와 읽는 것을 보면 인문 고전을 읽은 것이 확실히 효과는 있었다.

리한이는 《육식의 종말》을 빌려 와서 '고기를 먹는 것은 좋지 않으니 엄마도 읽어야 한다.' 라며 자꾸만 책을 읽으라고 권했다. 그러면서 자기는 '앞으로 지구를 위해 고기를 먹지 않겠다.' 라고 선언했다. 물론 그 결심이 3일밖에 가지 못했지만, 책을 읽고 활용하는 것만으로도 흐뭇했다. 《죽음이란 무엇인가》를 읽고는 자신이 왜 공부를 해야 하는지 모르고, 어떻게 살아야 할지 고민이었을 때 그 책이 삶의 용기를 주었다고 했고, 《과학혁명의 구조》를 읽고 패러다임이 어떻게 변화해 왔는지 알게 되었으며, 자신도 앞으로 패러다임을 변화시킬 수 있는 사람이 되고 싶다고 했다. 엄마와 함께 인문 고전 읽기를 즐겼던 경험은 리한이가 영재 학교나 대학 지원을 위해 자기소개서를 쓸 때도, 수능 정시에 도전할 때도 많은 도움이 되었다.

"인문 고전 읽기를 좋아하면 수능 1등급 걱정이 없어요."

06
공부 잘하는 기초를 만드는
책 읽기 솔루션

리수, 리한이는 둘 다 정시로 의대에 진학했다. 처음부터 정시를 목표로 했던 것은 아니지만 고3 때 낙방을 하다 보니 선택한 길이다. 고교 3년 동안 수능 공부를 해 본 적이 없는 둘이 정시로 의대에 진학할 수 있었던 것은 어린 시절 책을 많이 읽어서이다. 리한이는 수능이 끝난 후 "어렸을 때 책 많이 읽은 게 진짜 도움이 되었어요."라고 말했다. 책 읽기의 바탕이 만들어지는 시기는 초등학생 때이고, 그때가 책 읽을 시간이 가장 많다. 공부를 잘하게 하는 책 읽기 솔루션을 따라 해 보면, 초등 공부 베이스를 완성할 수 있다.

첫째, 책은 뭐든 좋으니 다 읽는다.

"무슨 책을 읽으면 좋을까요?" 책 읽기에 관해 내가 가장 많이 받는 질문인데, 책은 가릴 것이 없다. 책이라면 다 읽어도 좋다. 저학년이라면 창작 동화, 위인 동화, 전래 동화책이 좋겠고, 고학년이라면 주니어 문고, 세계 명작, 만화 한국사 등이 좋다. 만일, 책을 안 좋아하는 고학년이라면 저학년이 읽는 동화책을 읽어도 좋다. 《아낌없이 주는 나무》, 《어린 왕자》, 《모모》 같은 독자의 나이를 초월하는 명작은 당연히 좋고, 《코스모스》, 《정의란 무엇인가》 같은 베스트셀러도 좋고, 《논어》, 《대학》 같은 고전도 읽을 수만 있다면 좋다. 《삼국지》는 강추다. 만화책, 잡지책도 좋다.

둘째, 글밥이 적은 동화책부터 단계적으로 글밥을 늘려 간다.

리수가 초등 3학년, 리한이가 초등 1학년인데 글밥이 적은 책을 고르는 내게 단골 중고책 서점에서 "어린아이들이 읽을 만한 책을 고르다니 리수 엄마는 다르네요. 엄마가 보기에 그럴싸한 책을 사는 사람들이 많거든요. 리수 엄마가 고르는 거 다른 엄마들께도 추천해야겠어요."라고 했다. 책은 재미있게 보는 것이 가장 우선이다. 서점에 데리고 가서 아이들이 고르는 책을 보고, 그 수준에 맞는 전집을 골라 주면 가장 좋다. 전집은 처음부터 학습에 도움이 되는 글밥이 많은 책을 구매하는 것보다, 2년에 한 번씩 바꾸더라도 글밥이 적은 책부터 차츰 글밥이 많은 것으로 늘려 가는 것이 좋다.

셋째, 책 그림, 책 연극, 책 일기로 다양한 표현력을 길러 준다.

책을 읽은 후 할 수 있는 활동들은 무궁무진하다. 가장 쉽게는 그리고 싶은 그림을 그리는 것만으로도 책 활동을 할 수 있다. 그저 자유롭게 그리도록 놔두면 처음에는 베끼지만 나중엔 아이가 스스로 표현하고 싶은 것을 찾아서 한다. 책 연극은 책을 그대로 따라 하는 것부터 시작한다. 등장인물의 옷을 만들어 입고 대사를 몇 마디 하는 것, 등장인물의 행동을 그대로 따라 해 보는 것은 쉽게 할 수 있다. 초등 고학년이라면 책 일기를 꾸준히 써 보면 나중에 자기소개서를 쓸 때나 학교생활 기록부에 독서 활동을 기재할 때 큰 도움이 될 수 있다.

넷째, 만화책은 동화책을 충분히 읽은 후, 긴 호흡의 책을 잘 읽을 때 허용한다.

책은 무엇이든지 좋으므로 만화책도 물론 좋다. 그러나 만화책은 동화책을 충분히 읽은 바탕이 마련된 후 읽게 하는 것이 좋다. 동화책은 글이 우선이고 그림은 글을 이해하는 바탕이고 장식이지만, 만화책은 글로 표현할 만한 것들을 그림으로 대신하기 때문에 생략되는 글이 많다. 공부를 잘하기 위해서는 글과 상상력이 연결되어야 하기 때문에 일찍부터 글이 생략된 만화를 접하는 것은 좋지 않고, 동화책을 잘 읽을 경우 동화책과 병행하여 읽을 수 있도록 해 주는 것이 좋다. 긴 호흡의 책을 잘 읽을 때에는 만화책을 많이 읽어도 된다.

다섯째, 엄마도 함께 책을 즐긴다.

아이들은 엄마를 모방하면서 성장한다. 책을 읽으라고 지시하는 것보다 책 읽는 모습을 보여 주는 것이 책을 읽게 하는 가장 좋은 방법이다. 아이들의 동화책을 같이 읽어도 참 재미있다. 《끈기짱 거북이 트랑퀼라》의 '한 발짝씩, 한 발짝씩'은 지금 읽어도 재미있고, 《어린 왕자》의 "해가 지는 것을 보려면 해가 질 때까지 기다리지 말고, 해가 지는 쪽으로 가야 해."는 다시 보아도 깨닫는 바가 있다. 《논어》를 읽으면 내가 훌륭한 사람이 된 것 같다. 아이들과 같은 책을 읽고 좋아하면 가장 좋지만, 그렇지 않을 땐 아이들이 책을 읽을 때 엄마도 좋아하는 책을 읽으면 된다. 소설이든, 잡지든 책을 읽는 엄마를 보고 자란 아이가 책을 읽는 아이로 성장할 수 있다.

여섯째, 매일 잠들기 전 5권씩 소리 내어 책 읽기를 실천한다.

다 할 수 없더라도 이것만은 꼭 실천하기를 권하고 싶다. 소리 내어 책을 읽어 주는 것은 글의 감정과 의미를 함께 전달할 수 있기 때문에 책을 이해하는 데 큰 도움이 된다. 엄마가 읽어 주는 책을 보고 성장한 아이는 다른 사람에게도 책을 읽어 줄 수 있는 능력이 생기며, 이것이 공부재능과 연결된다. 잠들기 전에 하는 행동은 인생 전반에 걸쳐 큰 영향을 준다. 잠들기 전 10분, 무엇을 하는가에 따라 미래가 달라질 수 있다. 잠들기 전 중요한 시간에 책을 읽는 것은 아이들의 미래의 성공을 보장한다.

어린 시절 책에서 많은 해답을 찾았던 리수는 《의사가 말하는 의사》, 《동의보감》을 보면서 자신의 진로를 고민했고, 리한이는 《숨결이 바람 될 때》를 읽고 뒤늦게 자신의 진로를 변경했다. 책 읽기는 진로에 대해 고민할 때, 삶의 방향에 대해 갈피를 잡지 못할 때에도 훌륭한 안내자가 되고, 친구가 되었다. 초등 때부터 책 읽기와 책 활동을 가장 우선순위에 두면 반드시 공부 잘하는 아이로 자랄 수 있으며, 책에서 지혜를 찾는 어른으로 성장할 수 있다. 만일 지금 점검해 보았을 때 책 읽기를 제대로 하고 있지 않다면, 아이의 나이가 몇 살이든 일단 하던 공부를 멈추고, 스마트폰, 유튜브, 웹툰도 멈추고 책 읽기 습관부터 들여야 한다.

"책 읽기는 공부 잘하는 아이, 지혜로운 어른으로 성장하게 한다."

나는 자녀에게 책 읽기를 잘해 주는 엄마일까?

나에게 해당하는 문장에 ☑표 하세요.

☐ 자녀의 눈높이에 맞는 글밥의 책을 권하고 있다.

☐ 가끔은 도서관에 데려가서 책을 빌려 보게 한다.

☐ 서점에서 책을 직접 고르게 하는 편이다.

☐ 자녀가 읽는 책을 나도 조금은 함께 읽는 편이다.

☐ 전집을 구매해서 다는 아니더라도, 빼놓지 않고 읽도록 챙긴다.

☐ 책은 분야를 가리지 않고 골고루 읽게 해 주는 편이다.

☐ 한 가지 책을 반복해서 보더라도 허용하는 편이다.

☐ 정기 구독하는 잡지책이 있다.

☐ 만화책을 자유롭게 읽게 한다.

☐ 자녀에게 소리 내어 책을 읽어 주곤 한다.

☐ 자녀는 나에게 소리 내어 책 읽어 주기를 좋아한다.

☐ 책을 읽은 후 간단한 퀴즈 놀이 또는 질문을 해 본 적이 있다.

☐ 책을 읽은 후 책 속의 등장인물을 따라 해 본 적이 있다.

☐ 자녀와 책 뒤쪽에 있는 논술 활동을 해 본 적이 있다.

☐ 자녀에게 책 일기 쓰기를 시도해 보았다.

☐ 자녀가 읽은 책 목록을 정리하고 있다.

☐ 책 읽기 계획을 세워 본 적이 있다.

☐ 나는 책을 좋아한다.

☐ 나는 자녀에게 책 읽기를 강요하지는 않는 편이다.

☐ 자녀가 매일 1권 이상 일정한 시간에 책을 읽도록 한다.

13개 이상

와~! 훌륭해요! 자녀에게 책 읽기 지도를 아주 잘하고 계세요. 엄마도 함께 책을 읽으며 책 활동을 늘려 가면 더 좋을 것 같아요.

8개 이상 12개 이하

보통이에요. 책 읽기를 실천하는 것이 쉽지는 않은데 이 정도면 잘하고 계세요. 아직 시도해 보지 않은 몇 가지 실천을 새롭게 더 추가해 보세요.

7개 이하

조금 아쉬워요. 이다음에 공부를 잘하기 위해 책 읽기가 중요하다는 것은 알고 계시죠? 한두 가지라도 더 실천할 수 있도록 계획을 세워 보아요.

"내가 꼭 실천하고 싶은 한 가지를 골라 적어 보세요."

Chapter 4

공부 실력을 완성시켜 주는 ' 공부재능 '

공부재능을
노력으로 만들 수 있어요?

01
평생의 공부 습관을 길러 준
두 의대생의 집공부

리수가 막 앉아 있기 시작한 생후 6개월부터 '신기한 아기나라' 수업을 했고 네 살 때부터 '한글만세'를 했다. 다섯 살 때부터 노벨과 개미, 씽크빅, 재능교육 학습지를 차례로 했다. 씽크빅은 연령이 올라가면서 바꾸었고, 재능교육은 이사하면서 바꾸었다. 학습지는 매일 공부할 분량이 정해져 있어서 규칙적으로 공부하기에 좋았다. 아이들은 호기심이 많고 공부를 좋아해서 학습지가 도착하면 풀어 놓기 바빴고, 매일 조금씩 공부하는 것이 이다음에 커서도 공부 습관에 좋은 영향을 끼칠 것이라 기대했다.

리수가 초등 1학년 때만 해도 국어, 영어, 수학 학습지를 다 하는 데 30분 정도 걸렸고, 그때까진 매일 일정한 시간에 일정한 양을 규칙적으로 공부하는 습관이 잘 지켜졌다.

사정은 초등 2학년 때 영어 공부 시간을 늘리면서 달라졌다. 사교육비를 아끼기도 할 겸 영어는 방문 학습지로 하되 국어, 수학, 한자는 서점에서 산 교재로 나와 공부하기로 했는데, 그때부터 리수가 공부를 자꾸만 미루었다. 영어 공부 30분, 다른 과목 합치면 1시간 정도로 공부 시간이 늘어나서 그런지 특히 나와 약속한 공부는 늘 말썽이었다. 나는 하루 종일 "공부했어?", "공부부터 하랬잖아.", "빨리!"라는 잔소리를 입에 달고 살았다. "매일 국어, 수학, 한자는 4쪽씩 하면 돼."라는 말은 아무래도 효과가 없는 것 같았다. 엄마가 검사한다고 해도 요지부동, 리수는 10분 하다가는 놀고, 또 5분 하는 둥 마는 둥 다시 놀았다.

'이래서는 안 되겠어. 방법을 찾아봐야지.' 책에서는 아이들에게 추상적인 단어로 지시하는 것으로는 공부가 안 되고 명확하게 할 일과 행동을 알려 줘야 한다고 했다. 테이블 옆에 화이트보드를 놓고 공부할 목록을 적어, 집에 돌아오면 가장 먼저 화이트보드의 계획을 읽게 했다.

+ 영어 Chapter 2 테이프 듣기
+ 영어 Chapter 1~2 단어 쓰기
+ 국어 36~39페이지
+ 수학 계산력 23~26페이지
+ 수학 문제집 51~54페이지
+ 한자 57~60페이지

리수의 손을 잡고 공부 책상으로 이끌어 "엄마도 공부 같이 하자."라며 리수가 공부하는 동안 나는 책을 읽었다. 다 같이 앉아 공부를 하니 미루는 습관이 점차 고쳐졌다. 역시 해야 할 공부를 알려 주고 함께 공부하는 것은 효과가 있었다.

리수가 3학년이 되자 영어 공부량도 늘고, 과학자가 되고 싶다고 하니 수학 문제집도 추가해서 공부 시간이 2시간 정도로 늘었다. 리수도 2시간을 한 번에 집중하는 것은 무리였던지, 미루는 습관이 다시 생겼다. 나도 가끔은 동네 분들이랑 걷기 운동을 하고 싶은데, 내가 같이 앉아 공부를 하지 않으면 리수는 공부를 하지 않았다. "엄마가 갔다 올 동안 공부하라고 했잖아."는 모처럼 자유 시간을 얻은 아이들에게 소용이 없었다. '잔소리하지 않고, 강요하지 않고 공부할 수 있는 방법이 없을까?' 학교에서 숙제를 잘해 오거나 착한 일을 할 때 스티커를 받아 모으는 칭찬 통장이 생각났다.

"우리도 학교에서처럼 칭찬 통장 하자."
"어떻게요?"
"이제부터 여섯 가지 공부 중 한 가지씩 완성할 때마다 스티커를 줄게. 여섯 가지를 저녁 먹기 전에 마치면 1개를 더 줄 거야. 100개를 모으면 선물을 사 줄게."
"무엇을 사 주실 건데요?"
"만화책."
"제가 고르게 해 주실 거예요?"
"그럼."
"와, 신난다."

스티커를 100개 모으는 데는 2주 정도 걸렸고, 다 같이 서점에 가서 만화책 선물을 골랐다. 스티커를 주고 아이들이 좋아하는 만화책을 고르게 하니 내가 더 이상 잔소리를 하지 않아도 되었다. 읽고 싶은 만화책 욕심이 날 때는 리한이가 하나 더 받으면, 리수도 하나 더 받으려고 경쟁을 하며 공부 습관을 길렀다. 그렇게 칭찬 통장을 3년여 했더니 《그리스 로마 신화》, 《수학도둑》, 《한자도둑》, 《WHY 시리즈》, 《메이플 홈런왕》, 《메이플스토리》, 《위기탈출 넘버원》, 《마법천자문》, 《살아남기》 등 인기 만화 시리즈는 모두 사 모았다. 아이들은 만화책을 고르는 시간과 만화 읽기에 푹 빠지는 시간을 매우 즐겼고, 공부가 즐거운 기억으로 남았다.

리한이까지 의대에 합격한 후 리수가 말했다.

"엄마랑 어렸을 때 집공부했던 덕분에 둘 다 의대에 갈 수 있었어요."
"어째서?"
"공부가 힘든 줄 몰랐거든요. 많이 놀았던 것 같아요."
"스티커 모아서 만화책 사려고 열심히 공부했지. 학원에 안 다니니 자유 시간도 많았고…"
"하하, 맞아요. 난 다시 초등학생이 된다 해도 또 그렇게 공부하고 놀 거예요."

스티커를 받으려고 공부에 집중하다 보니 공부를 빨리 마칠 수 있었고, 마친 후의 모든 시간이 자유 시간이었다. 집공부 덕분에 학원에 오가는 시간을 줄이니 자유 시간이 많았다. 둘은 풍부한 자유 시간에 동화책과 만화책을 실컷 읽을 수 있었고, 인형 놀이, 퍼즐 맞추기, 네모네모 로직, 보드게임도 많이 했다. 두 아이는 집공부로 초등학생 때 공부에 대한 긍정마음과 규칙적인 공부 습관을 형성할 수 있었다.

《하버드 부모들은 어떻게 키웠을까》에는 하버드대 졸업생들이 어렸을 때 어떻게 공부했는지 소개되어 있는데, 한결같이 어린 시절 집 안에 '작은 교실'이 있었다고 했다. 어머니가 마련해 준 집교실은 마음껏 내 놀이를 펼칠 수 있는 공간이었고, 학교에 가면 없어질까 봐 아쉬울 만큼, 어른이 된 후에도 그리울 만큼 인생에 큰 영향을 주었다고 했다.

집 안에 마련한 작은 교실에서 집공부를 하면, 평생에 도움이 될 공부 습관을 다질 수 있다. 우리 집 안의 작은 집교실은 가족 모두가 마주 보고 앉을 수 있는 거실의 큰 테이블이었다. 가끔은 과목별로 각자 방에서 공부하거나 식탁에서 공부하기도 했다. 아이들은 계획을 세워 매일 공부를 실천하며 평생의 공부 습관을 초등학생 때 길렀다. 집공부를 활용하여 계획을 실천하고 시간을 활용하는 습관을 익히면, 반드시 공부재능을 기를 수 있다.

"집공부로 공부에 대한 긍정마음과 규칙적인 공부 습관을 길러요."

02
매일 오답 노트와 끝까지 풀기 노력으로 만든 수학재능

여섯 살 리수가 의사가 되고 싶다고 하니 나는 흐뭇했다. '의사가 꿈이면 당연히 공부를 잘하겠지.'라는 기대도 했다. 그러나 공부는 꿈만 가지고 저절로 잘되는 것은 아닌 모양이었다. 초등 3학년 때 리수는 "분수가 어려워요."라고 했다. 리수가 어려워하는 부분을 질문해 보았다.

"원을 4등분한 도형의 가장 위쪽에 점이 있고 여기가 기준점이야. 기준점에서 원의 4분의 1바퀴를 오른쪽으로 1번 돌리면 점의 위치는 몇 분의 몇이지?"

"4분의 1이요."

"기준점에서 원의 4분의 1바퀴를 왼쪽으로 3번 돌리면 점의 위치는 몇 분의 몇이지?"

"4분의 3이요."

"아니지, 왼쪽으로 돌리라고 했잖아."

"4분의 2요."

"아니, 움직인 자리 말고 처음 자리에서부터 왼쪽으로."

"4분의 4요."

"아니, 그게 아니잖아! 오른쪽, 왼쪽도 몰라?"

리수는 원의 4분의 1바퀴를 오른쪽 또는 왼쪽으로 1번, 2번, 3번, 4번 돌리는 문제에서 매번 틀리고 실수를 했다. "오른손 들어 봐!", "왼손 들어 봐!" 하고 확인을 했더니 오른쪽과 왼쪽도 매번 틀렸고, 기준점이 바뀌는 것도 잘 이해하지 못했다. 리수는 엄마의 표정을 보면서 눈치껏 답을 하고 있었던 것이다. '의사가 되고 싶다면서 공부가 이 모양이라니…' 나는 적잖이 실망을 했다. '어떡하지? 곧 기말시험인데…' 더 늦기 전에 문제를 해결하고 싶었다.

리수가 매우 기초적인 부분부터 몰랐기 때문에 문제집에 나온 것보다 더 자세히 한 장에다 표를 만들어 정리를 했다. 원을 4등분한 그림에서 가장 위쪽에 점이 위치한 기준점을 중심으로 원의 4분의 1바퀴를 오른쪽으로 1번, 2번, 3번, 4번 돌리는 그림, 왼쪽으로 1번, 2번, 3번, 4번 돌리는 그림의 경우의 수를 모두 그려 리수에게 외우게 했다. 그렇게 3일을 외우는 연습을 해서 학교에서 시험을 치렀다. 결과는 95점. 우리는 목표했던 바를 이루었고, 비록 분수의 개념을 외워서 잡기는 했지만 기초부터 다지면서 노력하면 안 되는 공부는 없다는 확신을 갖게 되었다.

　리수와 내가 함께 다녔던 동부 교육청 초등 저학년 과학 공동 학습에서 선생님이 "과학 영재가 되어서 우리나라의 과학 발전에 이바지하여라."라고 말씀해 주셨다. '과학 영재가 되려면 무엇을 공부해야 하지?' 라며 주변에 묻기도 하고, 네이버 카페에도 들어가서 살펴보았는데, 수학 심화를 공부하라는 이야기가 많았다. 리수와 함께 서점에 가서 《응용 왕수학》 문제집을 사 가지고 와서는 "지금부터 내년 과학 영재를 목표로 공부하자!"라며 비장한 각오를 했다.

　우선 하루에 2쪽씩만 풀기로 했는데, 리수는 8문제 중 6문제는 틀렸다. 리수가 모를 땐 내가 풀이를 설명해 주었는데, 잘 알아듣지 못할 땐 나도 모르게 자꾸만 "이것도 몰라?", "몇 번을 말해!"라면서 화를 내었다. '뭐 좋은 방법이 없을까?' 리수에게 말로 설명하는 대신에 풀이를 써 주고 아래에 빈칸을 만들어 거기에다 다시 풀어 보라 하니, 따라 쓰기도 하고 자기 스스로 풀기도 하면서 곧잘 풀었다. '그래, 이거다. 리수에게 말로 가르쳐 주려 하지 말고, 오답 노트를 써 줘야겠어.' 나는 리수가 학교에 가고 나면 정성스레 오답 노트를 만들었다. 틀린 문제를 쓰고 아래에 풀이를 쓰는데, 글로 설명이 어려울 땐 그림도 그리고 다른 풀이법이 있을 땐 다양한 풀이를 써 주었다.

---

p.27, 7. 어떤 두 자리 수의 오른쪽에 숫자 5를 놓아 세 자리 수를 만들었습니다. 이 세 자리 수와 원래 처음 두 자리 수의 차가 392일 때, 처음 두 자리 수를 구하시오.

엄마 풀이 어떤 두 자리 수를 □○라 하면 오른쪽에 숫자 5를 놓으면 □○5입니다. 원래 처음 두 자리 수는 □○이므로 두 수의 차는 □○5 − □○ = 392입니다. 5 − ○ = 2이므로 ○ = 3이고 3 − □ = 9이므로 백의 자리에서 1을 빌려 와 13 − □ = 9를 만들면 □ = 4입니다. 따라서 처음 두 자리 수 □○는 43입니다.

리수 풀이 어떤 두 자리 수를 □○라고 하면 5를 넣어 만든 세 자리 수는 □○5입니다. 차가 392라고 하였으므로 □○5 − □○ = 392입니다. 일의 자리만 먼저 보면 5 − ○ = 2가 되어야 하므로 ○은 3입니다. 십의 자리에 ○를 넣어 보면 3 − □ = 9가 되려면 백의 자리에서 1을 빌려 와야 되고 □ = 4가 됩니다. 검산해 보면 435 − 43 = 392가 되므로 답은 ○ = 3, □ = 4입니다.

답 43

이렇게 하니 내가 불필요하게 화를 내지 않아도 되었고, 리수는 엄마의 정성이 깃들어서 그런지 작은 손에 연필을 움켜쥐고 꼼지락꼼지락 잘해 내었다. 오답 노트를 쓰면서 모르는 부분이 무엇인지 정확히 알 수 있었고, 서술형 연습까지 할 수 있었다. 틀린 문제가 많을수록 오답 노트가 힘들기 때문에 문제를 풀 때 집중해서 잘 풀려고 하는 효과도 있었다.

《응용 왕수학》의 틀린 문제는 내가 틈틈이 타이핑을 해 두었다가 한 권이 끝난 후, 프린트해서 다시 풀게 했다. 리수가 관심을 갖고 푼 문제는 괜찮은데,

하기 싫어서 엄마의 풀이를 베껴 쓰기만 했을 때는 나중에 잘 기억하지 못했다. 그런 문제도 놓치지 않고 확인을 하였다. 틀린 문제를 모아 풀고, 틀린 문제를 다시 모아 푸는 일을 다섯 차례나 반복했고, 틀린 문제가 하나도 없을 때까지 끝까지 풀었다. 다 마친 날 리수가 "엄마, 빛이 보여요!"라고 했다. 아마 책 한 권을 모두 마친 기쁨과 성취감이 리수에게 빛을 선사한 것 같았다. "잘했어. 장하다!"

분수를 잘 모르겠다던 아이가 오답 노트를 열심히 쓰고, 틀린 문제를 모아 푸는 일을 성실히 해내다니! 그것만으로도 이미 나는 리수에게 매우 고마웠다. 이어진 지역공동과학영재(요즘에는 단위 영재) 선발 시험에서 당당히 합격하며 부족한 수학재능을 노력으로 극복할 수 있다는 것을 증명해 보였다.

"부족한 수학재능은 오답 노트와 틀린 문제 끝까지 풀기로 극복해요."

03
공룡, 우주 다큐멘터리를 즐기니 과학재능은 저절로!

리한이는 여섯 살 때 올레TV에 있는 공룡 다큐멘터리 시리즈를 매우 좋아했다. 그중 '공룡대탐험: 바다괴물'을 가장 좋아했는데, 주인공 나이젤이 고생대부터 신생대까지 시간 여행을 하며 바닷속 공룡을 탐험하는 설정이다. 타임머신을 타고 4억 4,000만 년 전 오르도비스기에 도착한 나이젤은 리포터가 중계를 하듯 내레이션을 했다.

"지구에 아직 식물이 없어 산소가 부족합니다."
나이젤은 산소가 필요하다며 연신 산소 호흡기로 산소를 들이마셨다.
"빨리 서둘러야겠어요. 지구의 하루가 21시간이라 해가 빨리 지기 때문입니다."

다음 날 항해에 나선 나이젤은 아트릴로바이트라는 동물에 카메라를 설치하여 미끼로 바닷속에 던졌다. 바다 전갈 떼 뒤로 엄청 커다란 오징어같이 생긴 동물이 따라왔다.

"지구상 가장 큰 포식자인 오르도콘입니다."

다시 3억 5,000만 년 전 데본기에 간 나이젤은 구조물을 타고 바닷속에 들어가, 미끼를 던져 숨죽이며 무시무시한 포식자 둔클레오스테우스를 기다렸다.

"앗, 둔클레오스테우스가 우리를 향해 다가오고 있습니다. 먹이 냄새를 맡은 모양입니다. 아! 돌진합니다. 엄청나게 큽니다. 머리 쪽 3분의 1이 갑옷같이 딱딱한 껍질로 뒤덮여 있습니다. 저기 뾰족한 이빨처럼 생긴 턱뼈를 보십시오. 무엇이든 다 잘게 부셔 버릴 것 같습니다. 과연 둔클레오스테우스는 사슬 갑옷을 입은 미끼를 먹을 수 있을까요?"

오르도비스기, 데본기 외에도 트라이아스기, 에오세, 플라이오세, 쥐라기, 백악기까지 총 7가지 시대에 대해 나오는데, 이 영상을 즐겁게 보며 리한이는 자연스럽게 선사 시대 이전 지구의 역사를 익힐 수 있었으며, 훗날 지구 과학을 공부할 때 "그 정도쯤이야 초등학생 때 다 알았지. 지구 과학을 왜 공부해?"라는 농담을 할 수 있었다.

우주 대탐사 시리즈에서는 '우주여행 가이드-화성'을 가장 좋아했다.

화성에 로봇 탐사선 피닉스호를 착륙시켜 만일 있을지 모르는 생명체를 탐험하는 이야기로 시작되는 이 이야기는 큐리오시티라는 로봇을 화성에 보낼 계획을 알려 준다. 과학자들이 지구에서 화성과 가장 비슷한 환경인 칠레의 아타카마 사막에서 3개월 동안 합숙하며 화성 탐사 시뮬레이션을 하는 이야기도 나온다. 도착하는 데만 장장 6개월이 걸리며, 지구의 가족과 교신하려면 화성에서 말한 지 20분 후에 지구에서 수신할 수 있다는 이야기는 흥미로웠다. 중력이 없는 곳에서 몸이 공중에 뜨지 않도록 러닝 머신에 고리를 걸고 달리는 운동 방법도 소개했다.

> "미지의 세계를 여행해 본 적이 있는가? 사람의 발길이 닿지 않은 곳을 여행하고 싶지 않은가? 이미 로봇은 화성의 생명체에 관한 여러 정보를 보내 주고 있으며, 인류는 곧 로봇의 발자취를 따라 화성을 여행하게 될 것이다."

우주선과 탐사 로봇 개발, 우주인의 준비 과정까지 인류의 화성 탐사 꿈을 담은 화성 영상을 리한이는 보고 또 보며 "화성에 가는 최초의 우주인이 되고 싶어요."라고 했다.

우주에 관심이 많은 리한이를 위해 구면으로 된 화면에 우주 관련 영화를 상영해 주는 과천과학관 천체 투영관에 초등 2학년 겨울 방학 때 데리고 갔다. 과학관에서 나오면서 리한이가 말했다.

> "과학관에 매일 오고 싶어요."

"과학관은 집에서 멀어서 매일 올 수는 없을 것 같은데…."

"과학관 옆으로 이사 오면 되잖아요."

"음…, 이사는 엄마가 해 줄 수 없을 것 같고, 대신 매주 과학관에 데리고 올게."

"와, 신난다."

약속을 지키기 위해 리한이가 초등 3학년 때부터 매주 일요일, 과천과학관에 가기로 했다. 행여 게으름 때문에 약속을 어길까 봐 리수는 '생명자원활용교실'에, 리한이는 '기초과학교실'에 등록을 했다. 그렇게 하니 10시까지 가기 위해 일요일 아침에 일찍 일어나 서둘렀고, 2시간 수업을 마치면 점심을 먹고 하루 종일 과학관에서 놀 수 있었다.

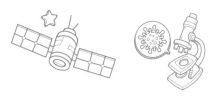

'생동하는 지구 SOS', '조직 배양과 세포 관찰', '로봇 댄스', '태풍 체험', '지진 체험', '우주여행 극장', '자이로스코프', '뇌파 체험', '월면 체험' 등 각종 체험도 미리 신청을 해서 과학관에서 하는 모든 체험에 참여했고, 수업이 끝나면 놀이터에서 놀고, 도서관에서 책도 읽고, 도시락 소풍도 하며 즐거운 시간을 보내고 해 질 녘쯤 집으로 돌아왔다. 집에 돌아와서는 '과학 일기'를 썼다. 우리들이 열심히 다녔던 기록을 남기고 싶어 '과학 일기'를 제안했고, 아이들도 흔쾌히 하기로 했다.

2010년 5월 16일 일요일. 날씨 맑음

오늘은 석회 동굴에 대해 알아봤다. 먼저 석회 동굴이 어떻게 생겼는지 알아봤다. 석회 동굴은 이산화탄소와 물이 섞인 탄산수가 석회암을 녹여 버린다. 석회암은 탄산칼슘이 주성분인데 이게 탄산수와 만나면 녹으면서 물이랑 탄산수소 칼슘이 된다. 탄산수소 칼슘이 없어지면 동굴이 된다. 그리고 첫 번째 실험을 했다. (그림 생략) 위의 그림처럼 하고 주스를 떨어뜨렸더니 분말이 녹았다. 산성은 분명 석회암을 녹아내리게 한다. 그리고 종유석, 석순에 대해 알아봤다. 종유석은 석회암 용액이 동굴의 천장에서 조금씩 새어 나와 떨어질 때, 물과 이산화탄소가 공기 중으로 날아가면서 다시 석회암으로 굳어서 생긴 것이다. 쉽게 보면 '탄산수소 칼슘 → 물 → 이산화탄소 → 탄산 칼슘'이다. 종유석 전에 속이 텅 빈 종유관에서 종유석으로 변하는 것이다. 석순은 종유석에서 떨어진 물 때문에 자란 것이다. 지하수에 의한 지형은 돌리네와 카르스트 지형이다. 돌리네는 석회암 동굴에서 지하수 작용으로 무너져서 지표가 우묵하게 생긴 지형이다. 카르스트 지형은 돌리네가 많은 지형이다. 아래의 그림을 보면 쉽게 이해할 것이다.

과학 일기를 쓰면 스티커 1개, 그림을 그리면 1개 더, 2페이지 쓰면 또 1개를 더 준다고 했더니 리한이는 스티커 욕심을 내며 그림도 그리고, 2페이지, 3페이지까지 열심히 과학 일기를 썼다. 일기를 잘 쓰려고 수업 시간에 집중했고, 다녀와서 바로 기록을 남겨서 내용이 잘 기억났고, 그런 습관이 다음 수업에도 이어졌으며, 그렇게 2년간 과천과학관에 매주 일요일마다 다니면서 리한이의 과학 실력은 무럭무럭 자랐다.

"좋아하는 과학 활동을 일기로 쓰면 과학재능을 기를 수 있어요."

04
수능 영어 만점의 비결은 매일 아침 공부

리한이는 초등 1학년 때 튼튼영어를 하고 있던 누나를 따라 영어 공부를 시작했다. 매일 아침 7시에 스스로 일어나 자기 손으로 테이프를 틀고, 책을 따라 읽고, 하루 종일 노래처럼 중얼거리고 다니며 영어 공부를 했다. 책을 외워가며 공부했기에 통문장 쓰기, 단어 외우기 같은 별도의 공부도 필요 없었다. 리한이는 매일 꾸준히 실천해 온 아침 공부 덕분에 영어 실력을 무럭무럭 키울 수 있었다.

리한이 방은 남동향이어서 아침 일찍 해가 들었고, 덕분에 알람 없이도 일찍 일어날 수 있었다. 아침에 눈을 뜨면 바로 옆에 놓인 카세트 플레이어를 가장 먼저 틀었다. 너무 아침 일찍인지라 영어 테이프 소리는 층간 소음에 취약했다.

"아니, 왜 아침부터 애를 깨워서 영어를 시켜?"

"어머! 들렸어요? 죄송해요."

"죄송하긴, 덕분에 우리 딸이 학교에 지각을 안 해. 리한 엄마가 시키는 거야?"

"아니에요. 아이가 스스로 하는 거예요."

"대단하네. 아침에 혼자서 일어나다니! 비결이 뭐야?"

"일찍 자요. 방에 해가 일찍 뜨기도 하고요."

이때만 해도 영어 공부 시간이 30분 정도 걸려서 그런지, 아침 공부를 잘했었다. 리한이는 아기 때부터 아침 7시에 일어나는 습관이 있어서 아침 공부가 힘들지 않았다. 그저 평소처럼 아침에 일어나는 대로 공부를 하면 되었다. 그런데 초등 2학년이 되면서 공부 시간이 1시간으로 늘고 친구들과 노는 시간도 늘고, 늦잠을 자는 일이 늘면서 아침 공부를 점차 안 하게 되었다. 학교에 다녀와서 학교 숙제에 아침에 못 한 공부까지 하려니 차츰 공부를 하기 싫어했다. 리한이는 자유롭게 놀고, 만화책 읽고, 다큐멘터리를 보고 싶어서 학교 다녀와서 해야 할 공부가 있는 것을 싫어했다. 나는 리한이에게 무려 A4 용지 4쪽이나 되는 분량의 편지를 썼다.

사랑하는 리한이에게

엄마는 리한이가 과학자가 되고 싶은 거 잘 알아. 리한이가 하고 싶은 것이 있어서 정말 고마워. 화성에 간다는 것은 정말 상상만 해도 신비롭고 즐거운 일이야! 엄마도 리한이가 좋아하는 '우주여행 가이드-화성' 다큐멘터리가 얼마나 재미있는데! 그런데 하고 싶다는 바람만 가지고 꿈이 이루어지는 것은 아니란다. 하고 싶다면, 그 꿈을 이루기 위해 어떤 준비를 해야 하는지도 알아보고, 자신을 정말 과학자가 된 것처럼 잘 가꾸어야 꿈을 이룰 수 있어. 엄마는 리한이가 꿈을 이루기를 진짜 바라거든? 그래서 꿈을 이루기 위해 해야 할 것들이 무엇인지 알려 주려고 하는데, 잘 읽어 볼 거지?

우선 공부를 열심히 해야 돼. 과학자가 되려면 대학도 가고, 미국에 유학도 가야 하거든. 국제중학교도 있고, 영재 학교도 있어. 거기에 뽑히려면 공부를 잘해야 한대. 특히 영어를 잘해야 되는 것 같아. 다큐멘터리에서도 보면 우주 과학은 미국에서 많이 발달되었잖아. 어쩌면 화성에 가는 지구인은 미국에서 먼저 나올지도 몰라! 그러니 우선 영어부터 잘하는 목표를 세우는 것이 어떨까?

리한이가 요즘엔 공부를 자꾸 미루어서 걱정이야. 물론 엄마도 리한이에게 자유 시간을 많이 주고 싶은데, 공부를 미루면 놀이 시간이 줄어드니까 마음이 아파. 그래서 말인데, 전처럼 아침 구시에 영어 공부를 하면 어떨까?

딱 1시간만 아침 공부하면 오후에 학교에서 돌아오면 수학, 국어만 하면 되잖아. 잠깐만 공부하고, 그다음엔 무조건 자유 시간, 괜찮지 않아?

잘 생각해 보고 답을 알려 줘.

편지에는 첫째, 둘째, …로 나열하며 실천 목록까지 제안했다. 리한이가 이 편지를 제대로 읽었는지, 잘 이해했는지는 나에게 말을 하지 않아 모른다. 리한이는 편지를 받은 다음 날 "아침에 일찍 일어나서 공부할래요. 원래 그렇게 했잖아요. 그게 제일 좋아요. 나는 오후에 공부하는 게 싫어요."라고 했다. 나는 더 캐묻지 않고 "어머, 대단해! 고마워."라고 해 주었다. 리한이는 스스로의 선택으로 아침 공부를 다시 시작했다. 국어 공부를 동화책 읽으면서 하는 것처럼, 영어도 그렇게 공부시키고 싶었다. 수준에 맞는 동화책을 골라 듣고, 따라 말하고, 따라 쓰고, 외우고, 문제에도 적용하면서 점차 책의 수준을 높이려고 했는데, 내겐 영어책 고르는 안목은 없었다. 그래서 선택한 것이 튼튼영어다. 튼튼영어는 나이에 맞게 단계별로 기본 교재, 리딩 교재, 심화 교재 등이 있어서 아이 수준에 맞게 설계할 수 있었다. 무엇보다 단계가 명확하게 정해져 있어서 1단계를 한 다음에 2단계를 하면 되니 책을 고르는 수고를 하지 않아도 되었다. 교재는 책과 테이프(요즘은 CD)로 이루어져 있어 테이프를 틀어 본문을 듣고, 해석을 듣고, 따라 하면서 자기 주도 공부를 할 수 있었다. 오프라인 공부가 끝나면 온라인 학습에 접속해서 따라 하기를 녹음하고, 에세이를 쓰는 숙제도 있었다. 일주일에 한 번 선생님이 오셔서 점검해 주시니 착착 따라가기만 하면 되었다.

리한이 영어 선생님이 제안한 공부 방법 중 하나는 일요일 공부다. 선생님은 조금 빠르게 공부하는 방법으로 일요일 공부를 제안했다. "공부는 워밍업이 필요하잖아요. 일요일에 공부를 시작하면 월요일 워밍업에 들이는 시간을 줄일 수 있어요. 일요일 하루 더 공부하면 1년이면 1달 반, 6년이면 9개월이에요. 거의 1년 선행의 효과가 있어요." 일요일 공부는 리한이에게 평생 일요일에도 공부한다는 인식을 심어 주었고, 매주 하루는 다른 친구들보다 앞서 나갈 수 있었으며, 월요일 공부의 워밍업이 미리 되어 다음 일주일 동안 집중이 훨씬 잘 되게 하는 효과가 있었다.

　월요일부터 금요일까지 매일 아침 7시에 영어 공부를 하고, 일요일 저녁에도 공부하고, 매일 같은 패턴으로 공부하다 보니 규칙적인 공부 습관을 기를 수 있었으며, 이러한 습관은 다른 과목을 공부할 때도 도움이 되었다.

"규칙적인 영어 공부 습관을 기르면 다른 과목도 잘하게 되어요."

05
공부에 구멍이 있을 땐
반드시 기초부터

현진이는 초등 4학년 때 사춘기를 겪었다. 사춘기는 감성과 이성이 구분되지 않고, 합리적인 선택과 판단을 내리지 못하고 갈팡질팡하는 시기이다. 그렇잖아도 자기 자신이 어떤 사람인지 찾지 못하던 시기에 집안 형편이 어려워졌다. 그동안은 학습지도 하고 학원에도 다니다가 갑자기 공부를 중단하게 되었다. 성적이 뚝 떨어지자 "난 공부에 재능이 없으니 공부를 포기할 거야."라고 했다. 엄마는 형편 때문에 마음껏 해 주지 못하는 것이 미안해서 마음이라도 편하게 해 주겠다며 억지로 공부시키려는 생각을 포기했다. 현진이는 2년간 공부와 담을 쌓고 살았다.

초등 6학년이 되어 현진이가 학급 반장이 되면서 '나도 공부를 해 보면 어떨까?' 하는 생각을 했고, 그때 나와 만났다.

"현진이 꿈이 뭐지?"

"선생님이 되고 싶어요."

"선생님이 되려면 어떤 노력을 하면 좋을까?"

"공부를 잘해야 되는데, 지금은 못해요."

"현진이가 어릴 때는 공부를 잘했었잖아."

"그랬죠."

"그럼 가능성이 있는 거야. 세상에는 노력해서 안 되는 일은 없어."

"저도 공부를 잘하고 싶어요. 할 수 있어요."

6학년 2학기 1단원 분수의 나눗셈을 펼쳐서 공부를 하려는데 현진이는 하나도 알아듣지 못했다. 이 단원은 4학년 2학기에 배운 분수의 덧셈과 뺄셈과 5학년 1학기에 배운 자연수의 혼합 계산, 약분과 통분은 물론, 가분수를 대분수로, 대분수를 가분수로 자유자재로 계산할 수 있어야 풀 수 있었다.

"대분수를 가분수로 바꿔서 해 봐."

"그게 뭔데요?"

"나눗셈은 분모와 분자를 바꾸고 곱셈으로 고치는 것부터…"

"왜요?"

"곱셈과 나눗셈이 섞여 있으면 차례대로…"

"왜요?"

현진이와는 단 한 페이지도 수업을 하지 못하고 첫 시간을 마무리했다.

문장제 문제를 읽지 못하는 수준이 아니라 기초적인 계산조차 하지 못했고, 계산을 위해 개념을 설명해도 용어를 알아듣지 못했다.

수학은 반드시 단계별 학습을 해야 하는 과목이다. 다음 단계의 학습은 반드시 전 단계의 완전 학습을 필요로 한다. 그냥 배워서 알고 있는 정도가 아니라 완벽하게 풀 수 있어야 다음 단계의 학습이 어느 정도 수준에 오를 수 있다. 어떤 개념을 배울 때 꼭 필요한 지적 요소를 선수 학습이라고 하는데, 선수 학습이 어느 정도 되어 있느냐에 따라 수학 성적은 달라진다.

4학년 2학기 분수의 덧셈과 뺄셈, 5학년 1학기 자연수의 혼합 계산, 약분과 통분, 5학년 2학기 분수의 곱셈이 잘되어 있어야 6학년 2학기 분수의 나눗셈을 할 수 있고, 중학교에서 유리수의 계산을 할 수 있다. 초등 2학년 때 구구단의 원리를 깨우치지 못하고 외우기만 하면 5학년 때 약분, 통분을 할 때 어려움을 겪는다. 25의 배수는 1배는 25, 2배는 50, 3배는 75, 배수가 늘어날 때마다 25씩 더해 주는 것을 알고 있으면 75만 척 봐도 25의 3배인 것을 알아차릴 수 있는데, 75분의 25를 약분하기 위해 75÷25를 계산하는 일이 생기며, 실수를 일으키는 요인이 될 수 있다.

현진 엄마께 초등 4학년의 개념부터 학습할 것을 권했다. 공부에 구멍이 있다면 구멍이 생긴 시점으로 거슬러 올라가 기초부터 다시 해야 한다.

"외워서 문제를 풀게 할 수도 있어요. 그렇지만 지금 6학년 2학기 성적을 위해 공부를 한다면 중학생이 되면 수포자(수학 포기한 사람)가 될 수도 있어요. 지금 조금 시간이 걸리더라도 4학년 2학기부터 공부하는 게 좋겠어요."

다행히 현진이 엄마도 그렇게 공부하기를 원했고, 6학년이 4학년 수학 공부를 하니 의외로 빨리 진행되었다. 한 학기를 공부하는 데는 한 달씩 걸렸고, 5개월 차에 접어들자 6학년 2학기 공부를 할 수 있었고, 중학생이 되기 전에 초등 과정을 잘 마칠 수 있었다. 현진이는 딴사람이 되었다.

"사각형의 넓이는?"

"가로 곱하기 세로요."

"사각형의 넓이와 가로의 길이는 알고 세로를 모르면?"

"넓이 나누기 가로요."

"분수의 나눗셈은 어떻게?"

"나누기를 곱하기로 바꾸어서 계산해요."

"대분수를 가분수로 바꾸면?"

"분모와 자연수를 곱해서 분자를 더해 줘요."

수학을 1년 동안 게을리했다면 그 1년을 온전하게 배우고 지나가는 시간이 필요하다. 수학은 단 한순간도 게을리해서는 안 되며, 꾸준히 공부해야 한다. 심지어 아이들은 겨울 방학 2개월만 쉬어도 전 학년 때 배운 내용을 잊어버린다. 기억이란 것이 원래 자주 꺼내어 사용하지 않으면, 뇌가 필요 없는 것이라 인식하여 버리게 된다. 더군다나 수학을 싫어하는 아이라면 잊어버릴 확률이 더 높다.

수학을 공부해야 하는 적기를 놓쳤다면, 공부를 중단한 때로 거슬러 올라가 부족한 부분이 있었던 학기부터 다시 시작해야 한다. 이때는 교재를 한 가지로 정해 기본을 충실히 익히면서 기간을 짧게 갖는 것이 좋다. 완벽하게 공부해야 한다고 심화 수준까지 가다 보면 정작 공부에 대한 흥미를 놓칠 수 있기 때문이다. 아무리 공부에 구멍이 있더라도 6개월 딱 잡고 기초부터 공부하면, 부족한 부분을 메우고 새로운 실력으로 도약할 수 있다.

"초등 4학년 과정부터 차근차근 공부하면 공부의 구멍을 채울 수 있어요."

06
공부 실력을 완성시켜 주는
공부재능 솔루션

공부재능은 노력으로 만들 수 있다. 타고났어도 노력하고 가꾸지 않으면 내 것으로 만들 수 없고, 타고나지 않았어도 노력하고 가꾸면 근처에는 간다. 아기는 어차피 처음부터 모든 것을 배우고 태어나지 않으며, 잠재력이 있을 뿐이다. 걸음마부터 말하기, 읽기, 쓰기, 기술을 익히고 학문을 하는 경지까지 이르는 것은 모두 잠재력을 활용한 배움의 소산이다. 저마다 약간의 차이는 있더라도 후천적인 배움으로 공부재능을 만들 수 있다.

첫째, 집공부 환경을 만든다.

공부재능을 가꾸려면 집이 공부하는 장소가 되는 것이 매우 좋다. 우리는 집에서 공부하는 습관을 평생 가져가려고 공간의 성격과 시간을 잘 배치했다. 리수, 리한 각자의 방의 책상은 1시간 동안 영어 공부 장소였고, 식탁은 30분~1시간 동안 수학 공부 장소였고, 거실의 테이블은 15~30분 동안 국어, 한자 공부의 장소였고, 정해진 공부 시간 외 나머지 시간은 모든 공간이 자유였다. 아이들은 메뚜기처럼 폴딱폴딱 옮겨 다니며 공부를 하면서 '자유'도 함께 만끽할 수 있었다. 한참 습관을 들이니 정해진 공간에 앉혀 놓기만 하면, 자동으로 공부를 하게 되는 효과가 있었다.

둘째, 매일 정해진 시간에 규칙적으로 공부한다.

처음 아이들과 집공부를 시작할 땐 방문 학습지로 시작하는 경우가 많은데 매일 규칙적으로 공부를 챙겨 주는 것이 여간 힘든 일이 아니다. 아이들은 늘 노는 게 먼저고, 엄마는 공부부터 해 놓으라는 실랑이를 벌이기 일쑤다. 그렇다고 일찍부터 학원에 보내는 것보다는 집공부 습관이 잡힌 후 학원에 보내는 것이 좋다. 학원부터 접하면 학원에 다녀온 것을 공부한 것으로 착각하여 자기 것으로 익히는 시간에 소홀할 수 있으므로, 집에서 매일 정해진 시간에 규칙적으로 공부하는 습관을 먼저 들이도록 하자.

셋째, 수학은 오답 체크를 철저히 해서 구멍이 없도록 한다.

우리는 수학 오답 체크를 철저히 하면서 효과를 보았다. 리수는 8문제 중 6문제는 틀릴 만큼 첫 출발에서는 구멍이 많았지만, 오답 노트를 쓰고, 틀린 문제를 모두 모아 풀면서 부족했던 실력을 극복했다. 집공부를 하면서 오답을 잘 챙기기란 쉽지 않다. 그러니 틀릴 때마다 틈틈이 노트에 써 두거나, 한글 프로그램에 타이핑해 두면 한꺼번에 해야 하는 수고를 덜 수 있다. 오답이 발생한 즉시, 하루에 몇 개씩만 하면 된다. 에베레스트산에 오르는 방법도 '한 발짝씩 한 발짝씩' 임을 기억하자!

넷째, 공부에 대한 목표를 명확히 한다.

리한이의 스스로 아침 공부 습관은 명확한 목표하에 만들어졌다. '화성에 가는 최초의 지구인' 이 되고 싶다는 막연한 바람이 아닌, 과학자가 되기 위해 영어를 잘하는 것으로 목표를 명확히 세웠기에, '매일 아침 일찍 일어나서 영어 공부를 하자.' 라는 실천을 할 수 있었다.

다섯째, 엄마는 공부재능의 설계자, 안내자가 된다.

공부재능은 '공부를 잘하면 좋겠다.' 라는 막연한 기대감과 '열심히 공부해!' 라는 지시로 만들어지지 않는다. 명확한 목표와 구체적인 실천 계획, 실행이 필요한데, 세상을 처음 겪는 아이들이 시작부터 자발적으로 하기는 힘들다. 엄마가 함께 목표 설정과 실천에 동참하여 설계자, 안내자가 되면 아이 혼자 해 나가는 부담을 덜 수 있다. 리수의 수학재능을 위해 매일 오답 노트를 썼던 것처럼, 리한이의 아침 공부를 실천하게 만들려고 편지를 썼던 것처럼 엄마가 아이 공부재능의 설계자, 안내자가 되면 아이는 훨씬 더 큰 에너지를 발산할 수 있다.

여섯째, 진로와 관련된 테마 활동을 주 1회 지속한다.

앞의 다섯 가지를 실천하자니 아직 엄두가 나지 않는다면, 당장 이것 한 가지만 먼저 저질러 보도록 한다. 과학관, 박물관, 문화 센터 등 찾아가는 장소가 될 수도 있고, 과학 일기 쓰기, 독서 일기 쓰기, 신문 스크랩, 포트폴리오 등의 활동이 될 수도 있다. 부모가 이끌어 주고 싶은 진로와 관련된 테마 활동을 하나 정하여 주 1회 규칙적으로 지속하면, 꿈과 목표를 세우는 데 도움이 된다. 리한이는 매주 일요일 과천과학관에 다니면서 꿈과 목표에 대한 관심을 유지할 수 있었다.

'공부재능은 노력으로 완성할 수 있다.' 라는 믿음과 확신을 가지고 아이와 함께 꿈도 만들고, 목표도 정하고, 계획도 세우고, 실천하다 보면 어느새 재능에 다가가고 있는 아이를 발견하게 될 것이다. 공부재능이 나타나고 완성되는 시기는 아이마다 모두 다르다. 일찍이 초등학생 때 재능을 보이는 학생도 있고, 늦게 고등학생이 되어서야 재능을 보이는 학생도 있다. 재능을 일찍 발견하여도 잘 가꾸지 않으면 사라지고, 어릴 땐 드러나지 않던 재능이 어느 순간 빛

을 발하기도 한다. 그러니 부모는 "넌 공부재능이 없나 봐.", "아무리 해도 안 되
네."와 같은 부정적 · 예언적 언어를 사용해서는 안 된다. 항상 가능성과 기대를
열어 놓고 언젠가는 해낼 수 있다는 믿음을 가지고 노력하면서 기다려 보자.

"공부재능은 노력으로 만들 수 있어요."

나는 자녀의 공부재능을 길러 주는 엄마일까?

나에게 해당하는 문장에 ☑표 하세요.

- ☐ 집 거실에는 TV가 없다.
- ☐ 집 거실은 독서하는 장소이다.
- ☐ 집공부 과목이 1개 이상 있다.
- ☐ 집공부 과목의 공부 시작 시간은 늘 일정하다.
- ☐ 자녀는 집공부를 좋아하는 것 같다.
- ☐ 자녀는 집공부 계획표가 있다.
- ☐ 집공부를 잘했을 때 스티커나 간식 등 보상이 있다.
- ☐ 엄마도 자기만의 집공부 또는 독서를 한다.
- ☐ 자녀는 매일 또는 격일, 주 1회 등 규칙적으로 공부하는 과목이 있다.
- ☐ 자녀는 규칙적인 공부를 잘 지키는 편이다.
- ☐ 엄마는 자녀가 숙제를 잘했는지 점검해 준다.
- ☐ 자녀는 꿈이 있다.
- ☐ 자녀는 꿈을 이루기 위한 명확한 목표가 있다.
- ☐ 자녀가 목표를 실천하기 위한 계획서를 짤 수 있도록 도와준다.
- ☐ 자녀가 계획을 잘 실천하는지 관심을 기울이고 있다.
- ☐ 자녀는 꿈을 위해 하는 활동 또는 배움이 있다.
- ☐ 자녀는 집공부든 학원이든, 수학 오답 노트를 하고 있다.
- ☐ 자녀는 집공부든 학원이든, 수학 틀린 문제는 반드시 다시 풀어 본다.
- ☐ 자녀는 좋아하는 과목이 있다.
- ☐ 자녀는 집공부든 학원이든, 공부를 좋아하는 편이다.

12개 이상

와~! 아주 잘하고 계세요. 공부재능을 향상시키기 위해 여러 가지 노력을 하고 계시군요. 훌륭한 안내자로서의 자질이 있으세요. 계속 꾸준히 한다면 반드시 자녀의 공부재능을 길러 주실 수 있어요.

7개 이상 11개 이하

보통이에요. 공부재능을 위한 실천을 하고 있는데, 아직 잘한다는 확신은 없는 단계예요. 공부재능 기르기는 한 번에 잘되지는 않는답니다. 잘 안될 때에도 매번 다시 시작하면 나중엔 꼭 공부재능을 기를 수 있어요.

6개 이하

조금 분발해 주세요. 자녀의 공부재능에 관심이 많으시고, 시작은 잘하였는데, 아직 입문 단계예요. 내가 실천하고 싶은 것을 골라 새로운 시도를 해 보세요. 자녀의 공부재능을 위해 한 발짝 내디딜 수 있어요.

"내가 꼭 실천하고 싶은 한 가지를 골라 적어 보세요."

Chapter 5

공부 한계점을 뛰어넘는
'실패의 기회'

실패하지 않도록
먼저 해결해 주고 싶어요.
그러면 안 되나요?

01
안 해서 못하는 거지,
하면 된다고요

리수는 초등 4학년 때 피겨 스케이팅 선수가 꿈이었다. 겨울 방학 특강 후 취미 삼아 개인 레슨을 받다가 '스포츠토토 대회'에서 무급 선수로 참가하여 금메달을 받고 보니, 스케이팅 선수가 되고 싶은 열망이 더욱 피어올랐다. 초급을 딴 후 선생님께서 대관 제의를 하셨다. 대관이란 스케이팅 선수들끼리 몇몇이서 팀을 묶어 같은 시간대에 링크를 대여하고, 그 비용을 나누어 내는 것을 말한다. 우리는 흔쾌히 대관을 하기로 했다.

리수가 스케이팅하는 모습이 너무 예뻐 연습하는 내내 지켜보았다. 사뿐히 뛰어올라 착 내려앉으며 두 팔을 벌리고 한 발을 들며 점프의 엔딩 포즈를 취할 땐, 나도 함께 성취감을 느꼈다. 한 발을 들어 한쪽 손으로 스케이트 날을 잡고 스파이럴을 하며 빙판에 미끄러져 갈 땐 왜 그리 우아한지! 스케이트를 신은

지 얼마 되지도 않았는데, 인엣지와 아웃엣지를 사용하며 빙판을 질주할 땐 또 얼마나 예쁜지! 그러나 피겨 스케이팅이 언제나 예쁘기만 한 것은 아니었다.

처음 쓰리 점프(정면으로 뛰어올라 반 바퀴를 돌고 뒷면으로 착지하는 점프)를 하고 살코, 토, 플립, 러츠 등 싱글 점프(한 바퀴를 도는 점프)를 배울 때까지는 수월하게 넘어갔다. 악셀 점프(정면으로 뛰어올라 한 바퀴 반을 돌고 뒷면으로 착지하는 점프)를 배우던 첫날, 리수는 2시간 레슨 내내 빙판 위에 넘어졌다. 넘어지는 리수를 보며 나는 소름이 돋고 눈물이 났다. 끝내 악셀을 한 번도 성공시키지 못하고 빙판을 나오는 리수에게 말했다.

"우리 피겨 스케이팅 그만하자."
"안 돼요. 계속할 거예요."
"넘어지기만 하면 어쩌려고? 악셀 성공하는 데 얼마나 걸릴지도 모르는데…."
"안 해서 못 하는 거지, 하면 된다고요!"

넘어지고 다치는 것이 무서워서 피겨 스케이팅을 그만두게 하고 싶었던 내 마음이 리수 앞에서 부끄러웠다. 리수는 '하기만 하면 된다.'라는 생각을 갖고 있었고, '될 때까지 하겠다.'라고 이미 마음을 굳히고 있었다. 돌아와서 보니 그날 리수의 엉덩이와 다리는 온통 멍투성이였다. 아이를 재워 놓고 혼자 눈물을 흘렸다.

초등 4학년에 시작해서 세계적인 피겨 스케이팅 선수가 될 수는 없었다. 세계적인 선수들 대부분은 네 살~여섯 살에 피겨 스케이팅을 시작한다고 들었다.

김연아 선수도 일곱 살 때 피겨 스케이팅을 시작했는데, 국제 무대에서는 빨리 시작한 편은 아니라고 하였다. 게다가 이미 초등 4학년 때 트리플 점프를 모두 완성했다고 하는데, 이제야 싱글 점프를 연습하고 있는 리수가 그 경지에 다다를 리는 만무했다. '아이가 하고 싶다고 하니 시켜 주기는 해야지. 어차피 세계적인 선수는 되지 못할 거야. 넘어지면 그만두겠지? 아프면 안 한다고 할지도 몰라.' 나는 실패를 이미 정하고 리수를 바라보고 있었다. 그러니 내 마음이 힘들 수밖에 없었다.

"안 해서 못 하는 거지, 하면 된다고요!"라는 리수의 말에 정신이 번쩍 들었다. '엄마가 이래선 안 되지. 어떻게 실패부터 생각해? 불가능하다는 걸 알더라도 아이한테 전달해서는 안 돼. 리수는 할 수 있어. 적어도 악셀 점프를 완성할 때까지는 해 봐야지? 그래야 넘어져도 일어서는 법을 배울 수 있어.' 그날부터 나는 실패할지도 모른다는 생각을 하지 않도록 내 마음을 꽉 붙들어 맸다. 이 기회를 통해 '숱한 실패에도 포기만 하지 않으면 이룰 수 있다.'라는 것을 알려 주고 싶었다.

선수가 되기 위한 스케줄은 학교가 끝난 직후부터 밤 12시까지 이어졌다. 매일매일이 꿈을 향한 고단의 연속이었다. 예술과 스포츠가 접목된 종목의 특성상 발레나 요가도 병행해야 했고, 빙판 위의 운동이었기 때문에 조금이라도 덜 다치려면 준비 운동이 필수였다. 근육이 너무 커지지 않게 하려면 마사지도 해야 했다. 운동선수라도 초등 때 공부는 소홀히 할 수 없으니 영어, 수학 공부는 해야 했다. 리수의 하루 일정은 오후 4시 30분~6시 발레 또는 요가, 오후 7~8시 준비 운동, 오후 8~10시 대관 연습, 오후 10시 30분~11시 정리 운동 마사지, 오후 11~12시 숙제, 영어, 수학 공부였고, 잠자리에 들 때까지 나도 꼬박 리수와 함께했다. 힘들긴 했지만 적어도 1년 정도는 꿈을 향해 도전해 보기로 했다. 해 보지도 않고 꿈을 포기할 수는 없었다.

2시간 내내 악셀 점프를 시도하다 넘어진 리수는 바로 다음 연습에서 악셀을 성공시켰다. 완벽한 악셀은 아니었지만 하루 만에 해냈다는 것도 대단했다. 악셀 점프를 처음에는 어찌어찌 성공했더라도 완성하는 데까지는 또 시간이 걸렸다. 똑같은 동작을 하루에도 수십 차례 넘어지면서 3개월 연습하고 나서야 악셀 점프를 완성했고, 이어 1급을 땄다.

《김연아의 7분 드라마》에서 피겨 스케이팅 김연아 선수는 "'최고'와 '완벽'에의 도전, 하지만 늘 성공률 100퍼센트를 유지할 수는 없다. 나도 그 사실을 너무나 잘 알기 때문에 늘 완벽하기를 바라지는 않는다. 다만 완벽에 가까워지려고 노력할 뿐이다. 중요한 것은 성공하느냐 실패하느냐가 아니라, 실패했을 때 다시 일어설 수 있느냐다. 할 수 있다는 믿음을 갖고, 한 번 더 도전해 보는 것! 그게 가장 중요하다."라고 하였다.

만일 내가 피겨 스케이팅 선수는 어차피 불가능할 것이라고 연습 2시간 내내 넘어진 리수를 그만두게 하였다면 어떻게 되었을까? 그렇게 했어도 리수가 실패라는 어려움을 극복하고 의대에 진학할 수 있었을까? 불가능하다고, 힘들다고 스케이트를 그만두게 하였다면 리수는 실패를 딛고 일어서는 법을 배우지 못했을지도 모른다. 초등 시절에 넘어져도 다시 일어서는 법을 배웠기에 훗날 더 큰 실패에도 좌절하지 않고 다시 나아갈 수 있었다. 내가 할 수 있는지 없는지 알아보는 것, 꿈을 향한 도전의 기회를 갖는 것은 실패를 향한 길이 아니라 역경을 극복할 수 있는 훌륭한 방법이었다.

"숱한 실패에도 포기만 하지 않으면 꿈을 이룰 수 있다."

초등 5학년 겨울 방학이 되자 나는 또 '방학을 알차게 보낼 방법이 있을까?' 궁리를 했다. 이번엔 기필코 운동이 아닌 공부를 시키고 싶어 리수에게 제안을 했다.

"중등 과학영재원이 있는 건 리수도 알지?"

"네, 알아요. 영재 학급에서 들었어요."

"그래서 말인데, 수학 공부량을 좀 더 늘려 볼까?"

"왜요?"

"중등 과학영재원에 지원할 거잖아."

"네."

"뽑을 때 시험도 보고, 면접도 본대. 그래서 수학 심화를 많이 공부해야 한대."

"네, 좋아요."

피겨 스케이팅 선수의 꿈을 접고 한의사를 꿈꾸게 된 리수에게 중등 과학영재원 도전을 위해 수학 심화 공부를 제안했다. 한의사가 되고 싶으면 공부를 열심히 해야 한다는 것도, 초등 6학년 때 중등 영재원 선발이 있다는 것도, 다른 친구들이 학원에 다니면서 중등 영재원 준비를 한다는 것도 알고 있었다. 리수는 혼자 집에서 학년 기본 문제집으로 중간고사, 기말고사만 공부했기에 영재원에 도전하려면 심화 수학과 중등 수학 선행이 필요했다. 우선 겨울 방학 때 5학년 수학 심화 문제집과《디딤돌 초등 수학 3% 올림피아드 1과정》을 푸는 것으로 목표를 잡았다. 초등 3학년 때 했던 방법을 적용해 심화는 다시 풀기까지만 하고, 올림피아드 과정은 오답 노트를 쓰자고 제안했는데 리수가 싫다며 혼자서 공부하겠다고 선언했다.

"저 혼자 하겠어요."

"그동안은 5학년 기본 문제집이라 많이 틀리지 않아서 괜찮았지만, 올림피아드를 하면 엄마 도움이 필요할 거야."

"……."

"왜 싫은데?"

"제가 계획 세우고 잘 실천하면 되잖아요. 알아서 하게 해 주세요."

"그럼, 계획표대로 하지 않으면 그땐 엄마랑 같이 하는 걸로 하자.

괜찮지?"

"네."

자기 고집이 생기기 시작한 사춘기여서 그런지, 리수는 더 이상 엄마와 공부하기를 싫어했다. "수학 공부 했어?"라고 물어보거나 "채점해야 되니까 빨리 해."라는 말을 듣기 싫었을까? 엄마가 가르쳐 준답시고 "이렇게 해, 저렇게 해!" 하는 것이 싫었을까? 어쨌든 리수는 엄마에 의해서가 아닌 자기 스스로 공부하기를 원했고, 월간 계획표를 스스로 작성했다.

1월						
일	월	화	수	목	금	토
18 응용 59~64 3% 62~65 오답 노트	19 응용 65~72 3% 66~69 오답 노트	20 응용 73~78 3% 70~73 오답 노트	21 응용 79~84 3% 74~76 오답 노트	22 응용 85~92 3% 78~81 오답 노트	23 응용 93~100 3% 82~85 오답 노트	24
25 응용 101~106 3% 86~89 오답 노트	26 응용 107~112 3% 90~93 오답 노트	27 응용 113~118 3% 94~97 오답 노트	28 응용 119~124 3% 98~111 오답 노트	28 응용 125~132 3% 112~117 오답 노트	30 응용 133~140 3% 118~112 오답 노트	31

매일 공부할 분량을 월간 계획표에 적어 놓고, 다 해 놓은 공부는 까만 네임펜으로 지워 가며 공부를 했는데, 잘 지키면서 줄을 그은 것이 아니다. 만화책 보고, TV 보고, 조금 공부하다가는 또 동생이랑 보드게임하고, 조금 공부하다가 그림 그리는 등 엄마가 보기엔 2시간 정도면 끝낼 것 같은 공부를 질질 끌며 8시간이 걸렸다. 나는 아침부터 '공부는 했나?', '이제는 하려나?', '언제 다 하지?' 하루 종일 리수가 잘하는지 쳐다보고 공부가 끝나기만을 기다리다 지쳐 관심 갖기를 포기했다. 어찌어찌 삐그덕삐그덕하면서도 방학 계획을 성공적으로

마치고, 이어 6학년 심화와 《디딤돌 초등 수학 3% 올림피아드 2과정》도 스스로 했다. 리수는 "노는 걸 먼저 하면 공부가 잘돼요."라며 엄마의 걱정에도 불구하고 저만의 공부 방법을 유지했다.

대학부설과학영재원에 지원하려고 자기소개서에 써야 할 내용을 살펴보니 수상 실적과 각종 활동들을 기록하게 되어 있었는데, 리수는 집에서 열심히 규칙적으로 공부는 했으나 학교 대표로 대회에 참가해 본 적도 없고, KMC(한국수학인증시험)나 올림피아드 같은 외부 경시대회에는 지원조차 하지 않았었다. 무엇을 써야 할지 궁리만 하다가 마감 날이 다가왔고, 대학부설과학영재원은 자기소개서를 쓰지 못해 포기하였다.

다음엔 과학고부설과학영재원 선발이 있었다. 다행히 수상 실적이 없어도 지원은 가능했는데, 필기시험에서 선행을 많이 한 학생이 유리하다고 들었다. 선행을 많이 안 해서인지, 실력이 부족해서인지 리수는 필기시험에서 떨어졌다. 어떤 시험에 통과하기 위해서는 준비를 위해 전략에 맞춰 꾸준히 공부하는 과정이 필요한데, 리수는 그런 점에서 부족했다. 연이은 영재원 탈락이 리수를 무기력하게 할까 봐 걱정이었다.

"괜찮아?"

"뭐가요?"

"떨어진 것 때문에 실망할까 봐…."

"다음에 더 잘하면 돼요."

한 곳은 포기하고 한 곳은 떨어진 것 때문에 실망할 줄 알았는데 다행이었다. 오히려 실망은 내가 했지, 리수는 아니었다. 리수는 그동안 혼자서도 꾸준히, 규칙적으로 공부해 온 자신에 대한 믿음이 있었다. 그 믿음을 증명이라도 하듯 이후 학교 대표로 나간 동부 교육청 수학사고력겨루기대회에서 금상을 받았다. 리수는 "제가 수학은 잘하는 것 같아요."라며 매우 자랑스러워했다.

모든 성공은 차곡차곡 쌓인 연습량에서 나온다. 스페인 출신 천재 바이올리니스트로 불리는 사라사테는 37년간 매일 14시간씩 연습했다고 한다. 발레리나 강수진은 토슈즈를 수백 켤레씩 갈아 치우며 하루 18시간씩 연습을 이어갔고, 늘 부상을 달고 살면서도 포기하지 않고 다시 일어나 최고의 자리에 올랐다. 실패를 덤덤하게 받아들이고 다시 도전할 수 있는 마음은 매일 계획한 대로 규칙적으로 열심히 공부한 데서 나온다.

"매일 계획한 대로 규칙적으로 공부하는 습관을 가지면
실패에도 흔들리지 않을 수 있다."

03
대학부설과학영재원 실패는
정보영재원 도전이라는 새로운 기회로

초등 1학년 때 리한이는 '가족천체관측교실'에서 "과학자가 되어서 국가 발전에 이바지하여라."라는 덕담을 들었다. 공룡, 우주 다큐멘터리와 과학 만화 책을 좋아했고, 국립과천과학관의 '기초과학교실'에 다니면서 과학자의 꿈을 무럭무럭 키웠다. 초등 3학년 때는 지역공동영재학급에 합격하여 매주 수요일 인근 초등학교에 수학, 과학 공부를 하러 다녔다. 이어 중등영재원에도 도전하고자 했다.

리한이는 초등 3학년 때 《큐브 수학 기본》, 《응용 왕수학》과 《창의사고력 수학 팩토》를 계획을 짜서 진행했다. 기본, 응용 문제집은 하루 4쪽씩 하도록 진도를 짰다. 정해진 시간에 스스로 문제집을 풀어 놓으면 내가 채점을 해 주고, 다음 날 틀린 문제와 오늘 분량을 푸는 것으로 진행했고, 응용만 오답 노트를 썼다.

리한이는 틀린 문제가 많지 않아 오답 노트는 없는 날도 있었고, 두세 문제 정도만 했기에 그리 힘들지 않게 진행할 수 있었다. 팩토는 오답 노트를 쓰기 싫어해서 되도록이면 다 맞게 풀라고 한 학년을 낮추어 진행했다. 3학년이 2학년 팩토를 푸니 따로 가르칠 것 없이 술술 잘 진행되어 오답 노트의 부담을 확 줄일 수 있었다.

대학부설과학영재원에 뽑히려면 수학 선행을 해야 한다는 건 리수가 떨어지면서 알고 있었고, 학원에 보내서 준비시킬까 생각은 해 보았지만, 리한이는 자유 시간이 줄어들어 안 된다며 매일 스스로 열심히 공부할 테니 학원은 다니지 않겠다고 하였다. 그래서 초등 6학년 때까지도 집에서 매일, 규칙적으로 스스로 공부하는 습관을 이어 가고 있었다. 원래 계획은 학년이 올라가면 양을 늘려서 2년 정도 선행은 하려고 했었는데, 집에서 하다 보니 중학 수학 공부는 책 구경만 하고 차일피일 미룬 상태에서 영재원 시험을 보게 되었다.

초등 6학년 때 대학부설과학영재원 면접시험을 치르고 나오는 리한이에게 물었다.

"시험 잘 봤어?"

"……"

"엄마가 궁금해. 못 봤어도 괜찮으니 말해 줄래?"

"7의 배수를 판별하는 문제를 물어보았어요."

"어떻게 대답했는데?"

"7로 나누어떨어지면 7의 배수이니까 7X로 나타낼 수 있으면 7의 배수라고 대답했어요. 그런데 그게 답이 아닌 것 같았어요."

리한이는 이미 자기가 떨어질 것으로 직감하였는지 금방이라도 울 것처럼 볼이 부풀었다. 나중에 검색을 해 보니, 배수 판정법이란 배수인지 확인하려는 수가 클 때에는 나눗셈을 이용하여 계산하는데 시간도 오래 걸리고 틀린 답이 나올 수 있기 때문에 나눗셈이 아닌 더 쉽고 빠르게 알아보는 방법이었다. 예상대로 대학부설과학영재원 시험에는 낙방을 하였고, 다음엔 과학고부설영재원 선발이 있었지만, 지원하지 못했다. 이미 선행 없이 합격이 어렵다는 것을 확인한 터라 다시 한번 확인할 필요는 없었다. 실망했을 리한이에게 뭔가 돌파구가 필요할 것 같아 대화를 시도했다.

"초등학교 1학년 때 태권도 격파할 때 쓰는 송판에 꿈을 적으라 했을 때 '과학자'라고 적었던 거 기억나?"

"그럼요. 두 동강 냈어요."

"엄마는 그 송판을 잘 붙여서 지금도 가지고 있어."

"정말요?"

"꿈이 무엇이든 꿈은 소중해. 영재원에 떨어지긴 했지만, 과학자의 꿈이 있었기에 지금의 네가 있는 거야. 컴퓨터를 좋아하는 것도 과학의 연장이니까… 한 번의 실패 가지고 실망하지 않으면 좋겠어."

"…… 교육청 정보영재원에 도전할 거예요. 우주 연구도, 변호사도, 소프트웨어 개발도 다 좋아서 무엇을 할지 몰랐는데, 이제부턴 소프트웨어 개발자로 정했어요."

대학부설과학영재원에 떨어진 경험은 리한이 자신을 돌아보고 꿈에 대해 진지하게 생각하는 계기가 되었다. 수학, 과학, 정보를 모두 좋아했지만 교내 과학 대회에서는 빛을 발하지 못했고, 수학에 자신이 있었지만 교내 대회에서 기대했던 상은 받지 못했다. 정보 올림피아드에서는 지역 예선 대상의 성과를 보였고, 창의상을 받았던 온라인과학게임대회도 어찌 보면 과학이라기보다는 게임 대회였다. 과학영재원에 떨어진 김에 과학자는 아예 접고, 소프트웨어 개발자로 마음을 굳히기로 했다. 당시에 정보영재원은 특성화고에 설치돼 있었고, 경쟁률이 낮아 관심이 있어 지원하기만 하면 거의 합격을 했다.

소프트웨어 개발자로 꿈을 굳힌 리한이는 하고 싶었던 게임 만들기를 시작했다. 혼자 스크래치를 요리조리 공부하더니 매일 조금씩 시간을 내어 하나씩 완성해 갔다. 1년이 지났을 때쯤 자신이 만든 게임을 1Round, 2Round, … 모아서 'Avoid Blue'라는 게임을 만들었다. 파란색을 피해야 하는 게임인데, 리한이는 이 게임을 온라인에 올려놓고 다른 친구들이 하는 것을 구경하며 매우 뿌듯해했다. 나중에 정보영재원 창의산출물대회에 제출했고, 최우수상을 수상했다.

실패의 뒤에는 항상 기회가 있다. 무엇을 이루지 못했을 때 당장은 '나에겐 재능이 없나 봐.'라고 자책할 수도 있고 다시 도전할 자신감을 잃어버릴 수도 있지만, 다르게 생각하면 실패를 계기로 새로운 기회를 찾을 수도 있고, 또다른 재능을 발견할 수도 있다. 애플의 전 CEO 스티브 잡스는 자신이 설립한 회사에서 쫓겨나는 비운을 겪었어도 그것을 새로운 기회로 받아들이고 '픽사'라는 애니메이션 회사를 설립하여 〈토이스토리〉라는 영화를 대흥행시켰다. 이처럼 실패는 받아들이는 사람의 마음에 따라 다시 새로운 기회가 될 수 있다.

초등학생 때 겪은 작은 실패는 더 큰 실패를 대비할 방책을 생각하게 하고 미리 준비하게 하는 효과가 있다. 과학영재원에 떨어졌어도 정보영재원이라는 새로운 기회를 찾고, 자신의 재능을 점검해 보며, 게임을 만들 계기로 생각했던 덕분에 우리는 향후 대입 실패에서도 다음 해 의대 합격이라는 새로운 기회를 만들 수 있었다.

"실패는 새로운 기회이다."

04
과학고 목표가 있었기에
미술고도 합격했고 서울대도 꿈꿔요

종윤이는 어릴 때부터 과학을 좋아해서 공부를 하다 보니 초등학생 때 중학 과학을 마치게 되었다. 흥미를 잃지 않기 위해 중1 때 고등 물리, 고등 화학을 공부해 보고자 학원을 다니려 했는데, 진도가 빠른 편이어서 학원을 찾기가 쉽지 않았다. 진도에 맞는 반이 다행히 있었는데 고등 물리1, 고등 화학1을 시작한다는 과학고 준비반이었다. 초등학생이 하기 어려운 중학 과학을 공부했을 뿐 아니라 테스트 점수까지 좋다 보니 과학고를 권했다.

"과학고를 목표로 해 보면 어떨까?"

"할 수 있을까요?"

"가능성 있어. 명확한 목표를 설정하면 훨씬 더 잘하게 될 거야."

"해 볼게요."

"참! 학교 내신 성적은 수학, 과학은 A를 받도록 관리하는 게 좋아."

"네."

과학고 입시라는 명확한 목표를 가지면 내신 성적을 관리하는 자세도 익힐 수 있고, 원래 좋아했던 과학뿐 아니라 다소 부족했던 수학 실력도 끌어올릴 수 있을 것 같았다. 종윤이는 해 보겠다며 지금까지 해 본 적이 없는 월화수목금 오후 6시부터 10시까지 매일 4시간씩 학원 공부를 하게 되었다. 다소 버거운 스케줄이기는 하지만, 과학고가 목표라면 이 정도 스케줄은 소화해야 했다.

중2학년이 되자 중간고사, 기말고사를 보게 되었다. 수학, 과학을 비롯한 주요 과목은 수행 평가보다 지필 평가의 비중이 크기에 성적을 잘 받기 위한 공부가 필요하다. 과학고에 진학하려면 수학, 과학은 꼭 A를 받는 것이 좋고, 더불어 다른 과목도 다 잘하면 더 좋다. 종윤이는 과학고에 진학할 자신의 모습을 그리며, 내신 공부하는 기간을 3주일로 정해 매일 공부 시간, 공부 과목, 공부 분량을 계획해 놓고 실천했다. 한문과 역사만 B이고, 다른 과목들은 A여서 과학고 진학이 가능해 보였다.

그런데 학원 월례고사를 본 지 며칠 지나지 않아 중2 겨울 방학이 시작될 무렵, 종윤이는 학원을 그만두겠다고 했다.

"수학 월례고사를 너무 못 봐서 그만두겠어요."

"종윤이가 과학은 잘하는데, 너무 아깝지 않아?"

"사실은요, '과학고 갈 아이'라는 인정을 받고 싶었어요."

"응? 뭐!"

"진짜 과학고에 가고 싶었던 것은 아니에요. 애초에 수학 실력은 부족했잖아요. 극복하려고 노력도 해 봤는데, 이미 오랫동안 공부해 온 아이들을 따라잡을 수는 없었어요. 매번 월례고사 볼 때마다 실패자가 되고 싶지 않아요. 자꾸 자존감에 상처를 입어 더 이상은 못 하겠어요."

명확한 목표를 설정하면 공부를 더 열심히 하고 부족했던 수학 실력도 나아질 것이라 생각했는데, 그것은 선생님이 설정해 준 목표였지 종윤이의 목표는 아니었다. '과학고에 갈 아이' 라는 칭찬을 받는 것이 좋아서 "해 볼게요." 라며 마지못해 동의했고, 사실은 '과학고에 가려고 하는 아이' 폼만 잡았던 것이다. 그런 자세로는 최선을 다해 공부할 수가 없었다.

종윤이는 실패를 힘들어했고, 더 이상 겪고 싶지 않아 했다. "월례고사 성적이 떨어지는 것도 나중에 성적이 오르기 위한 한 과정이야."라고 말해 주었지만 종윤이의 마음을 돌리지 못했다. 떠나는 종윤이를 바라보며 시간이 필요하다는 생각이 들었다. 실패가 완전한 패배가 아니라는 것을 종윤이가 깨우치는 때가 오기를 바랐다.

1년 뒤 어느 날, 종윤이가 학원에 찾아왔다.

"어머! 너무 반갑다. 잘 지냈어?"

"저 서울미술고등학교에 합격했어요."

"축하해! 어찌 그리 잘했어?"

"선생님께 감사해요. 저한테 과학고를 권하셨잖아요. 실기 전형으로 합격했지만, 성적으로도 3등이래요. 과학고 목표가 아니었다면 제가 내신 성적을 그렇게 잘 관리하지는 않았을 거예요. 그만두었을 땐 실패인 줄 알았는데, 그게 다 경험이었어요. 저는 이제 서울대가 목표예요."

학원에 다니지 않고 시간이 많이 생기자, 종윤이는 성적이 떨어져 과학고 도전을 그만두었다는 생각이 머리를 떠나지 않아 괴로웠다. 그때 그림에 집중하니 머리가 맑아지는 것을 느꼈고, 어쩌면 그것이 자신의 길일 수도 있다고 생각했다. 매일 열심히 공부했던 습관이 있어서 그런지, 공부했던 그 시간을 그림 연습 시간으로 고스란히 채웠다. 중2에 늦게 시작한 그림인지라 다른 친구들보다 뒤처지는 기분이 들었지만, '실패는 성공을 위한 과정이야. 선생님이 그랬잖아. 성적이 떨어지는 것도 과정이라고…. 내가 이렇게 시간을 많이 투자하면 반드시 합격할 거야.'라며 자신의 마음을 다잡았다. 미술고 합격 후, 성적 우수 전형으로도 합격할 정도의 내신이라 하니 서울대에도 도전할 수 있다는 자신감이 생겼다. 과학고를 목표로 내신 공부를 열심히 했던 순간이 떠올랐고, 그때의 시간이 감사했다. 세상에 쓸모없는 공부는 없고, 쓸모없는 목표는 없다. 어설픈 목표라도 꾸준히 노력하는 자세를 배울 수 있고, 다시 세운 명확한 목표는 반드시 이루게 된다.

종윤이는 실패를 완전한 실패로 받아들이지 않고 전진을 위한 방향 전환의 기회로 여겼기에, 미술고를 준비할 때는 더 이상 흔들리지 않았다. 비 온 뒤에 땅이 굳듯, 실패를 과정으로 여기는 사람에게는 반드시 다음 도전의 성공이 뒤따른다. 아이가 실패를 경험했을 때 그것을 긍정의 눈으로 바라볼 기회를 제공한다면, 아이는 자기 힘으로 일어나 전진할 수 있을 것이다.

"실패는 성공을 위한 과정이다."

05
실패를 피하는 것이 좋을까, 인정하는 것이 좋을까?

보민이는 중학생 때 의대 진학이 목표였다. 자립형 사립고가 의대 진학률이 높다고 들었기에 자사고를 목표로 수학, 과학 학원은 좀 더 선행과 심화를 할 수 있는 곳으로 다녔다. 중등 과정을 공부할 때까지는 그런대로 괜찮았는데, 중등 심화와 고등 선행을 들어가니 보민이의 학원 성적이 점점 떨어졌다. 학원에서의 성적이 곧 고등학교 가서의 성적이라 생각했던 보민 엄마는 1등을 해야한다고 강하게 믿었고, 보민이가 1등을 하지 못하면 못 견뎌 했다.

"학원에서 잘 못 가르친 거 아니에요?"

"시험 문제 출제를 잘 못한 것 같아요."

"학원이 관리를 못하네요."

"반 분위기가 안 좋아요."

학원에서 성적이 마음에 들지 않을 때마다 전화를 해서 학원 탓을 하였다. 보민이가 숙제를 잘 안 해 오는 편이고, 이번 정기 고사 때는 시험 대비 공부를 하지 않았다고 얘기해 줘도 귀담아듣지 않았다. 오직 원인은 보민이가 다닌 학원이나, 학원 선생님, 같은 반의 다른 친구에게 있다고 여겼다. 그러다 보니 마음에 들지 않으면 학원을 자주 바꾸었는데, 이번에도 학원을 그만두겠다고 하여 "학원을 자꾸 옮기다 보면 오히려 구멍이 생길 수 있어요. 보민이 스스로 복습을 할 수 있도록 습관을 들이는 게 더 중요해요."라고 설득해 보았지만 결국 학원을 그만두었다.

다른 학원으로 옮긴 후에도 만족할 만한 성적이 아니었는지 내게 전화를 했다.

"1등을 못 했어요. 학원 수준이 문제인 것 같아요. 자사고 내신반에 넣어 주세요."
"자사고 내신과 보민이 학교 내신은 준비가 달라서 학원을 바꾼다고 해결되지 않아요. 보민이의 문제점을 파악하고 개선하여 스스로 공부하는 것이 어떨까요? 진도를 이미 다 했는데도 부족할 땐 자기 공부가 필요해요."

자사고에 실패한 보민이는 일반고에서 치른 첫 시험에서 엄마와 보민이가 그토록 바라던 전교 1등은 하지 못했다고 한다. 보민이는 학원을 핑계 대거나 학원 선생님이 별로라고 하거나, 같은 반 친구들이 공부를 못한다며 바꾸어 달라고 했다. 그 후에도 몇 번 바꾸었는데 모두 신통치 않았다고 한다.

최종 목표가 의대라도 공부하는 과정에서는 전교 1등을 할 수도, 못할 수도 있다. 만일 1등이 목표인데 이루지 못했다면 학원 탓을 하며 학원을 옮기는 것보다 '내가 1등을 못 할 수도 있다.' 라고 인정을 하고, 어떤 점이 문제인지 파악하여 개선점을 찾아 스스로 노력하는 경험을 해 보는 것이 더 중요하다. 실패했을 때 원인을 주변 탓으로 돌리는 것은 당장은 위안이 될 수 있겠지만, 문제를 극복하여 성공으로 이끄는 데는 도움이 되지 않는다. 자녀의 성적이 만족스럽지 못할 때 그것을 실패라 여기고 주변 탓을 하면, 아이도 자신을 돌아보고 다시 도약할 수 있는 기회를 놓치게 된다. 실패의 원인을 내부에서 찾고 전진의 기회로 여긴다면, 자존감도 높아지고 실력 향상으로 이어질 것이다. 부모가 먼저 자녀의 실패에 대해 긍정적인 관점과 여유를 가질 때 아이도 자신을 있는 그대로 바라보고 개선점을 찾을 수 있다.

승준이는 영재 학교에 진학하는 것이 목표였다. 수학, 과학을 좋아했고, 초등 5학년 때부터 줄곧 영재 학교에 진학하기 위해 공부를 했다. 중학생이 입시를 목표로 공부하는 것은 쉽지 않았다. 시험 문제가 중등 심화 과정에서 출제되기에 매일 학교 끝나고서도 또 학원에 다녀야 했고, 조금이라도 더 잘하려면 학원이 끝난 후에도 자기 스스로 공부를 더 해야 했다. 한창 입시 공부를 하던 중3 1학기에 승준이에게 사춘기가 찾아왔다. 갑자기 불쑥 화나는 일이 잦았고,

'내가 왜 이러고 살아야 하나?' , '무엇 때문에 공부를 하는 건가?' , '나도 친구들이랑 놀고 싶다.' 라는 생각이 자꾸만 들었다.

승준이는 학원에 다니기는 했지만 멍때리는 시간이 많았고, 쉬는 시간에는 게임만 했다. 시험이 다가오자 증상은 점점 더 심해졌고, 다른 친구들이 자습을 할 때 수행 평가를 한다고 핑계를 대며 게임을 했다. 결국 영재 학교에는 낙방을 하였는데, 오히려 낙방 후 달라졌다. 자신의 문제점을 깨닫고 새롭게 공부에 집중하기 시작한 것이다.

"친구들이 합격한 소식을 들으니 제가 왜 제대로 집중하지 않았나 후회가 되었어요. 저랑 실력이 비슷했는데 말이죠. 목표는 같았지만 열정이 없었어요. 열정이 생긴 다음 공부하는 줄 알았는데, 이제 보니 매일 열심히 꾸준히 공부하는 데서 열정이 나오는 것 같아요. 저는 새로운 목표를 세웠어요. 서울대 의대요. 이번엔 흔들리지 않을 거예요."

자신의 패배 요인이었던 게임을 하지 않기 위해 휴대폰을 2G 폰으로 바꾸고, 공부에만 전념할 수 있는 환경을 스스로 만들었다. 목표를 명확히 하고 열정을 발휘할 환경을 조성하여 꾸준히 공부했고, 마침내 의대에 진학했다.

성공은 단번에 오르는 오르막길이 아니라, 오르고 내리는 길이 여러 번 반복되다가 마침내 정상에 도달하는 실패와 성공이 반복되는 굴곡의 길이다. 지금 당장 내 눈앞에 내리막이 나타났다면, 내리막을 인정하고 숨 한번 고르고 에너지를 비축하여 다음에 오를 오르막을 대비하는 것이 우선이다. 코스를 바꾸는 것은 괜한 에너지 낭비, 시간 낭비일 확률이 더 높다. 승준이가 실패의 원인을 자신에게서 찾았던 것처럼, 보민이가 내리막의 원인을 자신에게서 찾고 숨 고르기와 에너지 비축을 통해 원했던 목표를 이루면 좋겠다.

실패에 직면했을 때 실패를 거부하거나 회피하지 않고 성공의 과정으로 인정하고 받아들이면 성공의 기반을 마련할 수 있다. 실패의 원인을 주변이 아니라 나에게서 찾으면, 다음 성공을 위한 방도를 훨씬 더 쉽게 알아차릴 수 있다. 목표를 명확하게 세우고, 나 자신을 변화시키고자 마음을 먹고, 목표를 이루기 위한 계획을 매일 꾸준히 실천하다 보면 자연스럽게 목표를 성취하고자 하는 욕구가 더 거세지고, 실천력이 더 커지면서 마침내 목표를 이루어 내는 결과를 맞이하게 된다.

실패는 항상 성공의 씨앗을 품는다. 실패를 어떻게 받아들이냐에 따라 성공으로 이어질 수도, 여전히 실패로 남을 수도 있다. 성공의 씨앗을 품은 실패를 잘 해석할 때 나에게 주어진 성공의 기회를 제대로 내 것으로 만들 수 있다.

"실패를 인정하고 받아들이는 것은 성공을 위한 초석이다."

06
공부 한계점을 뛰어넘게 하는
실패의 기회 솔루션

리수와 리한이는 의대 입학에 성공했다. 둘은 초등학생, 중학생 때 줄곧 승승장구해 온 것은 아니다. 리수는 수상 경력이 없어 대학부설영재원에는 지원조차 하지 못했고 과학고부설영재원에 떨어졌지만, '열심히만 하면 의대에 갈 수 있다.'라는 생각으로 최선을 다해 공부했다. 리한이는 대학부설영재원에 떨어졌지만 과학 영재 대신 정보 영재를 택하여 자신의 길을 개척하였다.

종윤이는 과학고는 포기하였지만 그때 쌓은 공부를 바탕으로 미술고에 진학하였고, 승준이는 영재 학교에는 떨어졌지만 의대 진학에는 성공했다. 모두 어렸을 때 실패를 겪었고, 실패를 긍정적으로 받아들여 도약의 기회로 삼았다. 어린 시절에 실패를 겪었을 때, 무너지지 않고 이를 성공의 기회로 만들려면 어떻게 해야 할까?

실패를 성공의 기회로 만드는 솔루션

1 불가능한 일에 도전한다.

2 크고 작은 실패는 성공의 밑거름이다.

3 실패에서 무엇을 배웠는가가 가장 중요하다.

4 될 때까지 하면 모든 실패의 결과는 성공이다.

5 실패는 처음부터 다시 시작할 수 있는 기회이다.

첫째, 불가능한 일에 도전한다.

가능한 일에만 도전한다면 세상에 할 수 있는 일이 얼마나 될까? '1등을 하고 싶다.', '돈을 많이 벌고 싶다.', '날씬해지고 싶다.' 등 이루고 싶은 일들은 대부분 당장에 실천하여 성공할 수 있는 것들이 아니다. 1등을 하려면 매일 열심히 공부를 해야 하고, 돈을 많이 벌려면 그만큼의 재능을 갖추어야 하고, 날씬해지고 싶으면 매일 식단 조절과 운동을 해야 한다. 모두 일정 기간 각고의 노력을 해야 이룰 수 있는 것들이다. 노력하는 과정에서 힘든 일을 겪게 될까 봐 두려워 불가능한 일에 도전하지 않는다면 이룰 수 있는 것들도 별로 없다. 내가 하기에 다소 어려운 일, 어쩌면 불가능할지도 모르는 일을 가슴에 품고 도전하면 반드시 이루는 때가 온다.

둘째, 크고 작은 실패는 성공의 밑거름이다.

실패 없이 성공하기를 바란다면, 대가를 치르지 않고 무언가를 얻으려는 것과 같다. 모든 성공은 실패에서 비롯되었다. 아기들은 넘어지고 일어서는 것을 반복하면서 마침내 걷게 되고, 성적은 오르고 내리기를 반복하면서 마침내

1등을 하게 된다. 내신 1, 2등급으로 의대에 진학한 승준이도 처음부터 모든 과목에서 1등을 했던 것은 아니다. 원하는 성적을 얻지 못했을 때마다 자신에게 부족한 부분이 무엇인지, 어떤 부분을 개선해야 할지 점검하고 수정하고 실천해 가면서 목표를 이루어 냈고 그때의 자세가 성공의 밑거름이 되었다.

셋째, 실패에서 무엇을 배웠는가가 가장 중요하다.

컴퓨터 공학 관련 대학에 모두 떨어진 리한이는 "전에는 하고 싶은 공부가 있으면 밤을 새워서라도 해내는 것이 좋은 줄 알았는데, 해야 할 공부를 매일 규칙적으로 정해진 시간에 하는 것이 훨씬 효율적이네요."라고 말했다. 애플의 창업주 스티브 잡스는 애플에서 해고되었다 다시 돌아온 후 예전의 독선주의적 태도를 버리고, 모든 직원 및 타 기업과 긴밀한 관계를 구축함으로써 애플을 흑자로 돌려놓았다. 실패는 부족한 부분과 올바르지 못한 방향을 알려 준다. 실패에서 무엇을 배웠는가에 따라 다음에 성공을 할 수도, 다시 실패를 겪을 수도 있다. 실패의 순간은 가장 소중한 배움의 시간이다.

넷째, 될 때까지 하면 모든 실패의 결과는 성공이다.

실패했을 때 가장 쉬운 대처 방법은 될 때까지 하는 것이다. 피겨 스케이팅 선수들은 한 가지 점프를 완성하기 위해 몇백 번, 몇천 번의 실패와 연습을 거듭한다. 빙판에 몸을 내동댕이치는 것은 필수다. 엉덩방아를 찧어도, 빙판에 나뒹굴어도 될 때까지 시도하다 보면 처음엔 100번 만에 성공하지만 나중엔 매번 성공하는 경지에 이른다. 한 동작 완성에 6개월이 걸리기도 하고, 1년이 걸리기도 한다. 기말고사 실패 한 번에 '난 안 돼.'라고 좌절하는 것은 너무 빠른 포기이다. 100m 떨어진 목표에 도달하기 위해 100번의 걸음이 필요한 사람이 있고, 300번의 걸음이 필요한 사람이 있다. 300번 걸음이 필요한 사람도 될 때까지 하면 목표에 도달한다. 중간에 실패했더라도 포기만 하지 않으면 반드시 성공한다.

다섯째, 실패는 처음부터 다시 시작할 수 있는 기회이다.

숲이 불타고 남은 재는 땅에 영양분을 주어 새로운 작물이 자라게 하는 거름이 된다. 이처럼 실패해서 내가 가진 것을 다 잃었을 때에도 새로운 시작을 할 수 있는 기회가 될 수 있다. 다산 정약용은 천주교 탄압 사건으로 강진에 유배되었을 때 500권에 달하는 그의 저서 대부분을 편찬하였다. "이제야 학문 연구의 겨를을 얻었다."라며 인생 최고의 위기의 순간에 학문에 정진하여 실학을 완성한 것이다. 또한 에디슨은 자신의 연구실이 화재로 소진되었을 때 "그동안의 실패가 다 날아갔네. 이제 새로 시작할 수 있겠어."라고 말했다.

부모라면 아이들이 실패라는 어려움을 겪지 않고 성공의 길로 나아가길 바란다. 특히 대학 입시를 앞두고는 최소한의 노력을 기울여 최대의 성과를 얻는 행운을 바랄 것이고, 자녀가 별다른 일 없이 단번에 입시의 관문을 통과하길 바랄 것이다. 입시 뒤에는 더 많은 좌절과 실패, 역경과 고난이 기다리고 있을 수 있다. 대학 입시 후에도 중간고사, 기말고사 등 시험이 끊이지 않고, 자격시험과 취직 시험 등이 기다리고 있다. 실패를 겪지 않도록 바라고 먼저 도와주는 것보다 실패를 겪으면서도 다시 일어서고 극복하는 기회를 주는 것이 인생을 길게 보았을 때 훨씬 더 큰 자산이 될 수 있다. 실패를 딛고 일어설 기회, 실패에서 무엇을 얻을지 알아볼 수 있는 기회를 갖는 것은 소중하다. 실패에서 배운 것들은 자녀를 성공으로 이끄는 훌륭한 자양분이 될 것이다.

"실패를 성공으로 만드는 것은 그 실패를 해석하는 자의 몫이다."

나는 자녀가 실패에서 배움을 얻게 하는 엄마일까?

나에게 해당하는 문장에 ☑ 표 하세요.

A

- ☐ 자녀가 물건을 떨어뜨리는 실수를 했을 때 "왜 또 그래?"라며 화부터 내는 편이다.
- ☐ 자녀의 시험 점수가 좋지 않을 때 "넌 잘하는 게 없니?"라며 비난하는 편이다.
- ☐ 대회에 출전하는 경험은 이기기 위해서라고 생각한다.
- ☐ 한자나 컴퓨터 자격증 도전에 실패했을 때 "남들은 다 하는데, 제대로 안 하니까 그렇지."라며 의욕을 꺾는 편이다.
- ☐ 자녀가 학교에서 잘 못하는 것은 아닌지 불안해하는 편이다.
- ☐ 자녀가 타인에게 폐를 끼쳤을 때 "죄송합니다."라며 무마시키려고 하는 편이다.
- ☐ 영재 학교, 과학고, 자사고, 예고, 특성화고 입시는 실패할까 봐 도전하게 권하고 싶지 않다.
- ☐ 어린 시절에는 되도록 실패를 겪지 않고 성장하는 편이 좋다고 생각한다.
- ☐ 자녀가 실패를 겪지 말라고 엄마가 먼저 나서서 도와주는 편이다.
- ☐ 대학 입시는 한 번에 성공하는 것이 좋다고 생각한다.

B

- ☐ 자녀가 물건을 떨어뜨리는 실수를 했을 때 "괜찮아?"라며 아이 마음부터 살핀다.
- ☐ 자녀의 시험 점수가 좋지 않을 때 "괜찮아. 다음에 더 잘하면 돼."라고 위로하는 편이다.
- ☐ 대회에 출전하는 경험은 참가하는 과정에서 배우는 것이 있다고 생각한다.
- ☐ 한자나 컴퓨터 자격증 도전에 실패하더라도 다시 도전하는 과정에서 극복하는 법을 배운다고 생각한다.
- ☐ 자녀가 학교생활을 잘할 것이라 믿는 편이다.
- ☐ 자녀가 타인에게 폐를 끼쳤을 때 스스로의 잘못을 깨닫고 "죄송합니다."라고 하길 바란다.

□ 영재 학교, 과학고, 자사고, 예고, 특성화고 입시는 실패하더라도 준비 과정이 도움이 될 것이라 생각한다.

□ 어린 시절에 작은 실패들을 겪을수록 마음 근육이 더 단단해질 것이라 생각한다.

□ 자녀가 실패를 겪더라도 대부분의 일을 스스로 하도록 기다려 준다.

□ 대학 입시에 실패하더라도 자녀가 스스로 극복하고 다시 도전할 수 있을 것이라 믿는다.

A 2개 이하, B 7개 이상

아주 잘하고 계세요. 자녀가 실패를 겪더라도 스스로 극복할 수 있을 거예요.

A 3개 이상 6개 이하, B 3개 이상 6개 이하

보통이에요. 실패를 긍정적으로 생각하는데, 실천이 잘되지 않는 단계예요. 몇 가지만 더 시도해 보세요.

A 7개 이상, B 2개 이하

조금 더 분발하세요. 실패를 극복하는 연습을 해 두면, 훨씬 더 단단해진 자녀를 발견하실 수 있을 거예요.

"내가 꼭 실천하고 싶은 한 가지를 골라 적어 보세요."

Chapter 6

불가능한 미래를 가능하게 바꾸는 '용기'

무엇이든 두려워하지 않고
도전하려면
어떻게 할까요?

01
과학자에게 가장 필요한 자질이
뭐라고 생각하니?

리수는 초등 3학년에 동부 교육청에서 하는 초등 저학년 '과학 공동 학습'에 다닐 수 있는 기회를 얻었다. 수학이 어렵다고 하는 리수를 위해 초등 2학년 수학이라도 잘해 보라고 방학 중 열심히 문제집을 풀었는데, 3학년 첫 진단 평가에서 국어, 수학 모두 100점을 맞아 선생님께 추천을 받았다. 추천받은 학생 몇 명이 모여 학교 대표를 선발하는 시험을 치렀는데, 뜻밖에도 리수가 행운을 얻었다.

학교 대표가 된 리수는 동부 교육청 과학교육원에 가서 면접을 치렀다. 선생님께서는 대부분 합격을 한다고 해 주셨지만, 처음 보는 면접시험에 긴장이 되었는지 밖에서 기다리던 나까지 손에 땀이 났다. 과학교육원에서 면접을 치르고 얼굴이 발갛게 상기되어 나오는 리수에게 물었다.

"뭐라고 물었어?"

"'과학자에게 가장 필요한 자질이 뭐라고 생각하니?'라고 물었어요."

"어떻게 대답했는데?"

"용기요."

"어머나! 잘했다. 근데 용기가 뭐야?"

"하겠다고 하는 거요."

'그랬구나. 리수에게 용기가 필요했구나!'

리수는 호기심이 많아 무엇이든 배우는 것을 좋아했다. 일주일에 한 번 배달 오는 학습지 공부를 무척 좋아했고, 어린이집에서 연말에 발레 공연을 하더니 더 배우고 싶다 해서 무용 학원에 다녔었고, 피아노 연주가 멋있었는지 배우고 싶다 해서 음악 학원에도 다닌 적이 있지만, 과학을 배우고 싶다고 한 적은 없었다. 평소《원리과학동화》나《WHY》시리즈,《어린이 과학동아》를 재미있게 읽기는 했지만, 그냥 재미있는 책 중에 하나로 여겼지 과학자가 된다는 생각은 해 본 적이 없다. 그런 리수에게 "과학 공부를 잘해서 과학자가 되어 보는 건 어때?"라는 선생님의 제안에는 '하겠다는 용기'가 필요했었나 보다.

용기를 내어 시작한 초등 저학년 과학 공동 학습에 우리는 매주 수요일마다 과학 공부를 하러 다녔다. 〈꽃가루 모양 관찰하기〉, 〈플라스크 속의 분수〉, 〈꺼져 가는 불씨 SOS〉 등 초등 3학년부터 중학교 2학년 정도까지의 과학 중에서 몇 가지 주제를 선정하여 실험하고, 만들고, 추리하고, 발표하고, 결론을 내리는 수업을 했다.

용기란 '씩씩하고 굳센 기운. 또는 사물을 겁내지 아니하는 기개'이다. 이순신 장군이 삼도 수군통제사로 임명되었을 때, 많은 사람들이 일본에 비해 열세인 조선의 수군을 보고 차라리 육군에 합류하여 싸우라 했지만 장군은 "신에게는 아직 12척의 배가 있습니다."라며 133척의 배를 가진 일본에 대항하여 명량 해전에서 대승리를 거두었다. 그때 이순신의 기개를 '용기'라 할 수 있을 것이다. 용기란 불가능해 보이는 일을 기꺼이 해내겠다는 다짐이다.

과학자에게는 왜 용기가 필요할까? 과학자가 실험하고 싶은 주제들은 대부분 이 세상에 존재하지 않거나 불가능해 보이는 것들이다. 불가능해 보이지만 가능하다면 어떻게 할 것인가를 상상하면서 인류의 과학 발전에 기여하기 위해, 현재의 삶을 향상시키기 위해, 지구의 미래를 보존하기 위해 연구에 도전하고 실험을 한다. 과학 연구의 주제를 선정할 때 '내가 궁금한 것 중 가장 불가능한 것은 무엇일까?'라는 질문을 던진다고 하니, 과학자의 연구에 용기는 꼭 필요할 것 같다.

리수는 고등학교 2학년 때 또 한 번 '하겠다는 용기'를 내야 할 일이 생겼다. 바로 "의대에 가고 싶다."가 아니라 "의대에 가겠다."라고 선언한 일이다. '하고 싶다.'라고 말하는 것과 '하겠다.'라고 말하는 것에는 큰 차이가 있다. '하고 싶다.'는 단순한 바람이며 실행에 옮길지 아닐지는 아직 정하지 않은 단계이지만, '하겠다.'는 실행에 옮기겠다는 의지의 표현이므로 용기가 필요하다. 내신 성적으로는 의대 진학이 불가능했던 리수가 의대에 가겠다고 하니, 학교 선생님도, 학원에서도 불가능할 것이라며 말렸었다. 용기를 낸 리수를 위해 우리는 정시 준비로 모든 공부 전략을 바꾸어 실행에 옮겼고, 한 번의 실패를 겪었지만 다음 해에는 정시로 의대 진학에 성공했다.

우리는 살면서 많은 기회와 선택의 기로에 직면한다. 거기엔 하고 싶지만 불가능한 것도 있고, 하기 싫지만 가능한 것도 있다. 눈에 보이지 않는 가능성을 믿고 불가능한 일에 도전하기란 쉽지 않다. 그럴 때 가능성, 불가능성을 따지기보다는 일단 시도부터 하는 것이 좋다. 리수가 과학 공동 학습의 제안을 받았을 때 내가 과학자가 될 수 있을지 없을지 생각하기보다 새로운 공부를 할 수 있다는 기회에 감사했던 것처럼, 다소 불가능해 보일지라도 시작하는 용기를 내 보는 것이 어떨까?

청소년 과학 올림피아드 국가 대표라든지 정보 올림피아드 금상, 영재 학교 입학, 자사고 입학, 의대 진학 등 당장은 눈앞에 보이지 않아 불가능할 것 같은 일을 기꺼이 해내겠다는 용기로 도전할 때 가능성이라는 기회가 내 것이 될 수 있다.

"용기란 불가능해 보이는 일을 기꺼이 해내겠다는 다짐이다."

02
엄마의 거절이
용기 없는 아이로 만들 수도 있어요

승주는 중학교 3학년 때 "공부 좀 하게 해 주세요."라는 엄마의 뜻에 따라 만나게 되었다. 엄마의 인터뷰로는 "애가 운동만 좋아하고 통 공부를 안 해요. 이제 곧 고등학교에 가는데, 무엇보다 스스로 공부하는 능력이 필요해요." 라고 했다. '중3 승주는 한창 공부가 싫을 나이, 게다가 좋아하는 것은 운동', 도무지 공부와의 접점을 찾을 수 없는 승주와 어떻게 소통하면 좋을지 곰곰이 생각했다.

두 가지 색깔이 칠해진 주사위 하나, 질문지가 꽂힌 상자 하나, 출발지와 종착점이 있는 10칸짜리 보드판과 2개의 말을 준비했다. 운동을 좋아하는 승주에게 승부욕을 자극하면 대화를 잘할 수 있을 것 같았다. 주사위를 던져 노란색이 나오면 내가, 하얀색이 나오면 승주가 질문지를 뽑고, 질문에 답을 하면 말을 움직여 골인 지점에 먼저 도착한 사람이 이기는 게임이었다.

하얀색이 먼저 나왔고, 승주가 질문지를 뽑았다.
'내가 가장 좋아하는 것은?'
"태권도예요."
승주는 말을 한 칸 옮겼다.

다시 하얀색이 나왔고, 승주가 질문지를 뽑았다.
'현재의 꿈이 무엇이에요?'
"대답 안 해도 되죠?"
"그럼 말을 옮길 수가 없는데?"
"안 하면 되죠."

노란색이 나왔고, 내가 질문지를 뽑았다.
'어릴 때 꿈이 무엇이에요?'
"어릴 때 가수가 꿈이었는데, 학교에서 대표로 독창을 할 기회가 있었거든. 그런데 엄마도, 언니도, 피아노 학원 선생님도 너는 가수는 안 되겠다며 재주가 없다고 놀리는 거야. 난 안 되나 보다고 포기를 했는데, 남들 말을 듣고 노력도 안 해 보고 포기한 게 속상해. 그래서 지금이라도 노래 강사에 도전해 보려고! 재밌을 거 같지?"
나는 말을 옮겼다.

하얀색이 나왔고, 승주가 질문지를 뽑았다.

'어릴 때 꿈이 무엇이에요?'

"저는 어릴 때 꿈이 태권도 국가 대표였어요. 선수를 하고 싶은데 엄마가 못 하게 했어요. '운동선수 아무나 하는 줄 아니? 언니처럼 공부해.'라고. 저도 선생님이랑 같아요. 남들 말 듣고 해 보지도 않은 게 속상해요."

"그래서 지금도 태권도 선수가 하고 싶어?"

"에이, 그건 아니죠."

"그럼 공부는 왜 안 하는데?"

"하고 싶은 것도 없는데 어떻게 공부를 해요?"

"뭐라도 끌리는 게 있을 거 아냐?"

"저는 사업을 하고 싶어요. 호텔 경영 같은 거…"

"엄마한테 얘기해 본 적은 있어?"

"아뇨."

"왜?"

"'공부도 못하는 게 무슨 호텔 사업이야? 아무나 하는 줄 아니?' 그럴 거 같아요."

"호텔 사업부터 말하면 반응이 그럴 것 같기는 하다. 그럼 호텔 경영학과 나와서 호텔리어부터 해 보는 건 어때?"

"괜찮죠."

같이 두바이의 7성급 호텔 '버즈 알 아랍'을 찾아보면서 거기에 가서 하루 숙박할 꿈을 꾸고, '고졸' 학력에도 불구하고 이를 노력으로 극복하여 세계 굴지의 호텔의 지배인이 된 성공 인물도 찾아보면서 '호텔 경영학을 해 보자.'로 미래를 설계했다.

다음 날 승주 엄마를 만났다. 승주가 태권도 꿈 이야기를 했을 때 '아무나 하는 줄 아니?'라며 무시했기에 후에 호텔 경영을 하고 싶다는 말도 못 했으며, 엄마의 기준으로 세상을 판단하도록 강요하면 무엇을 시도할 용기를 갖지 못한다는 이야기를 해 주었다. 승주가 무엇인가 하고 싶어 열심히 매달리게 하고 싶다면 승주를 존중해 주는 것이 먼저다. 공부를 잘할 때 칭찬하고, 공부를 안 할 때 야단치는 것이 아니라 승주의 선택을 존중해 주고, 승주의 꿈을 지지해 주면 분명 열심히 공부하는 습관으로 이어질 것이라고 말해 주었다. 엄마는 "승주가 아직도 기억하고 있는 줄 몰랐네요. 승주가 하고 싶은 게 무엇이든 지금부터는 지지해 줄게요."라고 하셨다.

한 달여 후 승주 엄마께 전화를 받았다.

"선생님, 너무 감사해요. 승주가 호텔 투어를 해 보고 싶다고 해서, 가족이 모두 제주에 있는 호텔에 갔었어요. 이번엔 승주가 좋다고 하는 거, 하고 싶다고 하는 거 다 반응해 주고, 무엇보다 아빠가 호텔리어 되는 거 잘 생각했다고 응원하니 자신감을 얻었어요. 서로 마음을 터놓고 얘기한 것만 해도 너무 좋은데, 공부까지 열심히 해요! 변한 것만으로도 너무 좋습니다."

엄마에게 자신의 꿈을 거절당하면 세상을 다 잃은 듯 슬프다. 꿈이 무엇인지 말하고 이루어 낼 용기를 내려면 무엇보다 엄마의 응원과 지지가 필요한데, 한번 꿈을 거절당한 아이가 다음 꿈의 용기를 내기란 더욱 어렵다. 작은 꿈이라도 엄마에게 응원과 지지를 받으면 어떻게든 해내려는 용기가 샘솟고, 훗날 더 큰 꿈을 만났을 때도 자신을 인정하고 존중해 준 엄마에게서 에너지를 얻는다.

성공학의 거장 나폴레온 힐은 어린 시절 모든 동네 사람들에게 말썽쟁이라고 놀림을 받았다. 그러나 새엄마만은 "나폴레온은 이다음에 위대한 작가가 될 거야."라고 해 주었다. 이후 20년간 수백 명의 성공한 사람들을 만나 성공 비결을 집대성하여 20세기 최고의 성공 철학서 《The Law of Success》를 완성시켰다.

부모라면 지금까지의 경험을 토대로 자식이 잘되라고, 고생하지 말라고 탄탄대로를 닦아 주고 싶어 '된다, 안 된다'를 미리 알려 주고 싶겠지만 되는지 안 되는지를 알아내는 몫도 자녀에게 주는 것이 좋다. 아이의 꿈이 무엇이든 일단 존중해 주면, 무엇이든 시도해 볼 자신감을 갖고, 꿈을 꾸고 꿈을 가꾸어 갈 용기를 갖게 된다. 행여 실패하더라도 자녀는 부모의 응원에 힘입어 다음번에 더 큰 꿈을 꾸게 될 것이다. 자녀에 대한 존중은 자녀에게 이다음에 세상 무엇과도 싸워 이기고 성공할 수 있다는 커다란 용기를 부여한다.

"자녀를 무조건 존중해 주면 꿈을 향한 용기를 발휘한다."

03
꿈을 위해서는
포기하고 버릴 줄도 알아야 해요

초등 3학년 라율이 엄마는 "선생님은 자녀를 의대 보내셨잖아요, 선생님 책에서 보니 초등 3학년 때 집에서 공부했다던데, 라율이도 수학을 잘할 수 있는 비결을 가르쳐 주세요."라고 하였다. 라율이는 사고력 수학 학원 한 군데 일주일에 한 번 다니고 선행과 심화는 엄마가 봐 주고 있는데, 라율이가 엄마와 공부하기를 싫어해서 개선이 필요하다고 하였다.

"엄마와 공부하기 싫어하면 학원에 보내거나 과외 선생님을 구해 보시지요?"

"다른 학원 스케줄 때문에 안 돼요."

"다른 학원들 스케줄이 어떤데요?"

"영어는 주 3일 다니고, 다른 건 주 1~2회 다녀요. 피아노나 미술 하고 나서 줄넘기 하고 영어 갔다가 집에 와요. 영어 없는 날은 수학, 바이올린이 있고, 수영이랑 과학은 토요일에 해요."

"그럼 엄마와 수학 공부는 언제 하나요?"

"학원 버스 기다리는 동안 잠깐이랑 다른 일정 마친 후에 집에서 해요."

"밤늦게 하면 아마 집중도 잘 안되고, 피곤할 거예요. 수학을 잘하려면 학원을 줄이는 게 좋겠어요."

"안 돼요. 오케스트라 하려면 피아노, 바이올린을 해야 되고, 체력도 길러야 하니 줄넘기, 수영도 해야 돼요. 영어는 당연한 거고, 사고력 수학이랑 과학도 해야죠."

"학원을 줄이지 않으면 수학을 잘할 수 없어요."

"학원을 줄이라 하면 선생님과 더는 얘기를 못 하겠어요."

학원을 줄이지 않겠다는 라율 엄마의 단호함에 더 이상 코칭을 진행하지 못했다. 라율 엄마, 아빠는 의대를 보내기로 두 분이 결정을 했고, 그렇게 되기 위해 움직여야 한다는 생각이 강했다. 라율이는 엄마가 근무하는 초등학교에 같이 다니면서 다른 학원 버스를 타기 전 틈새 시간과 모든 학원 일정을 마친 후 밤 9시에 수학 공부를 했다. 엄마는 라율이가 부지런하지도 않고, 욕심도 없고, 모든 것을 귀찮아한다며 정신적으로 문제가 있는 것 같아 소아 정신과에도 다닌다고 하였다. 병원에 가면 나아질 줄 알았는데 변화가 없었고, 의대 보낸 선생님께 코칭을 받으면 나아질 거라 생각했는데, 학원을 줄이라고 하니 반감만 든다며 알아서 하겠다고 하였다.

의대에 가기 위해 모든 것을 골고루 잘해야 한다는 엄마의 의견이 틀리지는 않다. 국영수만큼은 탄탄하게 공부해야 하고, 과학 공부를 해야 하는 것도 맞다. 체력을 위해 운동을 해야 한다는 생각도 맞고, 오케스트라를 해서 성실함과 협력의 중요성을 배우라는 생각도 맞다. 그렇지만 이 모든 것을 한꺼번에 완성해야 하는 것은 아니다. 중점적으로 할 것을 정해 집중하고 나머지는 일주일에 한 번 정도로 조금씩 하거나, 1년 또는 2년 정도 번갈아 해 주는 식으로 경험하면 된다. 초3이 밤 9시가 넘어 수학 공부를 하고, 독서와 숙제를 하면서 12시가 되어서야 잠든다면 조금 벅차다. 자녀가 모든 것을 다 좋아하고 하고 싶어 한다면 괜찮지만, 그렇지 않다면 좋아하는 것과 중요한 것만 유지하고 나머지는 정리하는 것이 좋다.

모든 것을 다 잘할 수 없고, 한꺼번에 많은 것을 잘할 수 없다. 잘하고 싶은 것이 있다면 중요하지 않은 다른 것들은 중단하거나 줄여야 한다. 공부를 잘하는 학생이 음악, 미술은 못할 수도 있고, 운동에 재능이 있는 학생이 공부는 좀 부족할 수도 있다. 모든 것을 잘해야 성공할 수 있다는 생각에 사로잡히면 아무것도 잘할 수 없는 상태가 될지도 모른다. 사람은 누구나 잘할 수 있는 잠재력을 내포하고 있지만, 그것을 어디에 집중하여 사용하느냐에 따라 재능이 다르게 나타난다. 수학을 잘하고 싶다면 다른 학원이나 공부는 조금 포기하고 버릴 줄 아는 용기가 필요하다.

리수 또한 초등학생 때 모든 것을 골고루 항상 잘했던 것은 아니다. 초등 2학년 때는 수학을 못해서 의대는 기대도 하지 않았고, 초등 4학년 때는 피겨 스케이팅 선수 한다고 공부를 소홀히 했지만, 초등 5학년 때 한의대 목표를 세운 이후 수학, 과학 공부에 집중했다. 영재 학교를 목표로 했던 중3 때는 수학, 과학 공부에 집중하기 위해 교육청 영재원을 중도 포기하는 용기를 내기도 했다. 중학생 때 교육청 영재는 고등학교에 가서 과학 영재 추천을 받을 수 있는 혜택이 있었지만, "그 시간에 열심히 공부할래요."라며 자신이 목표로 한 공부에 집중했고 나중에 의대 지원의 용기도 낼 수 있었다.

베스트셀러 저자이며 기업가로서도 성공한 비즈니스 코칭 전문가 켈러 윌리엄스는 《원씽》에서 "성공한 이들은 어떤 일의 핵심에 모든 것을 집중했다. 즉 중요한 일에만 파고들었다. 대부분의 사람들은 커다란 성공은 시간이 아주 오래 걸리고 매우 복잡한 과정을 거쳐야 한다고 생각하지만 너무 많은 할 일 목록 때문에 감당할 수 없을 지경에 이르고, 성공은 점점 더 멀게만 느껴질 뿐이다. 성공은 소수의 몇 가지 일을 잘해 낼 때 비로소 다가온다. 더 큰 효과를 얻고 싶다면 일의 가짓수를 줄여야 한다. 한 가지 일에 파고드는 것은 남다른 성과를 내기 위한 간단한 방법이다."라고 하였다.

6개월이 지난 후 라율 엄마께 다시 연락을 받았다. 초등 4학년부터는 라율이가 좋아하는 미술 학원, 공부에 꼭 필요한 영어, 수학 학원만 다니기로 했다는 것이다. 학원을 줄이니 시간 여유도 생겼고, 집에서는 수학 문제집 1권 정도만 더 하고, 이젠 더 이상 소아 정신과에 다니지 않는다고 하였다. "라율이가 선택했어요. 라율이 뜻이 선생님과 일치해서 확신을 가지고 그렇게 하라고 했어요." 라율이가 수학을 잘하게 될지, 엄마의 목표대로 의대에 진학하게 될지 아직은 모르지만, 잘하기 위해 모든 것을 다 하려 하기보다는 몇 가지에 집중하기로 하면서 더 이상 마음 병원에 다니지 않은 것만 해도 성과가 있었다.

"하고 싶은 것을 위해서 중요한 일만 파고드는 용기를 내 보세요."

04
학교생활 기록부가 부족해서
세 번이나 포기하고 싶었어요

혜수는 중2 때 학원에서 과학고를 권했을 때는 안 간다고 했다가, 중3이 되자 과학고에 가고 싶다고 했다. 주변 친구들이 영재 학교 원서를 쓴다는 얘기에 자극받았는지 자기도 영재 학교 원서를 연습 삼아 써 보고, 과학고는 꼭 가겠다고 하였다. 자기소개서를 쓰려니 도무지 감이 안 잡힌다며 나에게 질문을 했다.

"선생님, 저 자소서 질문에 하나도 대답을 못 하겠어요. 어떻게 하면 좋을까요?"
"학교생활 기록부 사본을 가져와 봐. 보다 보면 무엇을 쓸지 감이 올 거야."

혜수의 학교생활 기록부를 찬찬히 보던 나는 뜻밖의 단점을 발견했다. 학교생활 기록부에는 수상 경력, 창의적 체험 활동 상황, 봉사 활동 실적, 교과 학습 발달 상황, 자유 학기 활동 상황, 독서 활동 상황, 행동 특성 및 종합 의견이 기록되고, 교과 학습 발달 상황에는 교과목과 성취도가 표시될 뿐 아니라 세부 능력 및 특기 사항이라고 각 과목 선생님들이 특별히 기록할 내용이 있을 때 적는 공간이 있는데, 중학교 2학년의 세부 능력 및 특기 사항이 비어 있었다. 또 같은 시기에 독서 활동 상황도 비어 있었다.

"혜수야, 혹시 독서 활동 기록을 안 했어?"

"창체에 기록하라고 했을 때 빠트렸나 봐요."

"중2 세부 능력 및 특기 사항이 비어 있는데, 그때 과학 선생님이 과학 동아리 선생님 맞아?"

"네, 맞아요."

"학생부 내용을 보면 혜수가 성실하고 모범적이고 이타적인 부분이 많이 드러나 있는데, 과학 동아리 선생님이 모르셨을 리는 없을 것 같고, 무슨 일이 있었는지 혹시 기억나는 거 있어?"

"중2 때 과학 선생님이 과학고 지원할 거냐고 물어보셨을 때 안 간다고 했었어요."

"저런, 그랬구나."

혜수는 그때가 한창 반항하는 사춘기이기도 했고, 자기는 수학을 좋아하는데 과학고를 가야 할지 잘 몰랐으며, 수학이든 과학이든 그리 뛰어난 편은 아니라고 생각했고, 무엇보다 입시를 준비하느라 열심히 공부하는 것이 싫어서 그렇게 대답했다고 한다. 세부 능력 및 특기 사항은 중학교 학교생활 기록부에는 의무 기록 사항이 아니기 때문에 학생에 따라서 기재된 경우도 있고, 아닌 경우도 있다. 아마도 진학 희망과 관련 사항이 없다 보니 기재가 없을 수도 있겠다는 생각이 들었다. 혜수에게는 비록 기재 사항이 없기는 하지만, 다른 장점들이 많으니 자기소개서에 장점을 잘 강조해서 표현하면 괜찮다고 얘기해 주었다.

다음 날 혜수는 수학 학원에 오지 않았다. 전화로 확인해 보니 영재 학교 지원을 포기하겠다며, 그러면 공부할 필요도 없지 않냐며, 자신의 진로에 대해 다시 생각하는 동안 학원은 쉬겠다고 하였다. 학교생활 기록부 내용이 모두 부실한 것이 아니라 두 가지 정도만 빈칸이 있는 것이고, 중1 때는 잘 기록되어 있고, 또 행동 특성 및 종합 의견란에 성실하고 배려 많은 학생인 부분이 잘 드러나 있으니 괜찮다고 말해 주었지만 혜수의 생각은 바뀌지 않았다.

일주일 후 혜수는 다시 학원에 왔다. 집에 있으니 막상 할 일도 별로 없고, 친한 친구들도 학원에 다니고 있어 놀러 온 것뿐이라고 하였다. 그렇게 며칠 학원에 다니는 것도 아니고 안 다니는 것도 아니게 자습만 하러 잠시 왔다 갔다 하더니 "선생님, 저 영재 학교 지원해 볼게요. 자기소개서 쓰는 거 좀 도와주세요."라고 하였다. 혜수가 가장 좋아하는 것은 무엇인지, 장래 희망은 무엇인지, 왜 과학고에 가고 싶은지, 수학, 과학 중 무엇을 더 좋아하는지, 과학 관련 활동 한 것은 있는지, 수학 특기가 있는지 등등을 질문하고 대화를 통해 자기소개서의 소재를 정하였다. 쓰고 다시 고쳐 쓰고를 몇 차례 반복하면서 완성을 했고, 다시 학원에 다니면서 공부를 하기 시작했다.

한 달여 후 혜수는 영재 학교 1차 전형에서 낙방하였다. 애초에 과학고가 목표였기에 영재 학교는 한번 해 보는 걸로 생각했었는데도 적잖이 상처를 받은 것 같았다. 내신 성적이 올 A이고 나름 학교생활도 열심히 해 왔다 자부했는데, 서류에서조차 통과하지 못했다는 것이 혜수에겐 충격이었다. 다시 공부를 하지 않겠다며 학원에도 다니지 않고 과학고에도 안 갈 거라고 선언하였다.

혜수가 이만한 일로 공부를 포기하지 않았으면 하는 생각에 말을 걸어 보았다. "학교생활 기록부가 조금 부족하다고, 영재 학교 1차 전형에 떨어졌다고 네 공부를 포기하지는 않았으면 좋겠어. 포기하기에는 네 장점이 더 크거든. 나는 혜수가 묵묵히 성실하게 꾸준히 공부하는 자세를 잘 알고 있고, 분명 과학고에서는 혜수의 장점을 알아볼 거라 생각해."

며칠 후 혜수는 다시 용기를 내어 "과학고에 지원할게요. 공부를 열심히 하겠습니다."라고 하면서 학원에 다니기 시작했다. 한 달쯤 지나자 이번에는 과학고에 지원할 자기소개서를 쓰는데, 쓰다 말고 혜수가 학원을 뛰쳐나갔고 돌아오지 않았다. 이유는 "자기소개서 질문에 학교에서 한 수학 활동 세 가지, 과학 활동 세 가지를 쓰라고 되어 있는데, 저는 두 가지밖에 없어요. 어차피 자기소개서 쓰기도 어려운데 과학고에 안 갈래요."였다. 혜수에게 "학교를 바꿔서 지원해 보자. 다른 과학고도 있으니 거기로 해 보자."라고 말해 주었다.

며칠 후 혜수는 다시 용기를 내어 "다른 과학고에 지원할게요. 이번엔 진짜 꼭 서류 합격할 수 있게 자기소개서 좀 도와주세요."라고 하였고, 지원한 과학고에 최종적으로 합격을 했다. 혜수는 학교생활 기록부 내용이 부실하다고 한 번 포기하려고 하였고, 영재 학교 1차 전형에 떨어졌으니 두 번 포기하려고 하였고, 학교에서의 수학, 과학 활동이 부족하니 자기소개서를 쓸 수 없다고 세 번 포기하려 하였으나, 세 번이나 딛고 일어선 용기로 결국 과학고에 합격하였다.

혜수가 세 번이나 용기를 낼 수 있었던 것은 자신을 있는 그대로 인정하고 장점에 주목할 수 있었기 때문이다. 포기할 때는 다른 사람의 장점과 비교하면서 자기는 그게 없다며 어차피 떨어질 것이라 생각했지만, 다시 용기를 낼 땐 자신에게는 내신 성적 올 A라는 장점이 있고, 정말 성실하게 공부했으며, 봉사 점수를 받지 않는 활동인데도 친구들을 도왔던 일에 주목했다. 나보다 잘하는 친구와 비교하고, 나에게는 없는 장점을 찾으려 하면 불가능이 먼저 보인다. 반대로 내가 잘하는 것이 무엇인지 찾아내고, 내게 부족한 점도 있다는 것을 인정하고, 나의 장점을 더 부각하여 생각하면 가능성이 보인다.

《만화로 읽는 아들러 심리학 1》에서 '용기란 고난을 극복하는 활력을 선사하는 일'이라고 하였다. 나에게 용기를 부여하기 위해서는 나의 감정과 마주하여 부정적인 감정을 긍정적인 감정으로 발전시키고, 나만의 퍼스낼리티의 차이를 인정하고 단점을 장점으로 바꾸면 고난을 극복할 용기가 생긴다. 장점의 반짝임이 단점을 가릴 수 있을 만큼 나를 잘 가꾸면, 다른 사람들 눈에도 그 노력이 보인다.

> "나를 인정하고 장점에 주목하면 용기를 낼 수 있어요."

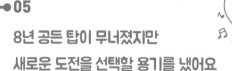

리한이는 컴퓨터를 매우 좋아했다. 유치원 때부터 방과 후 학교 컴퓨터 교실에 다니는 누나를 부러워하며 컴퓨터를 배우게 해 달라고 졸랐다. 초등 1학년 때 방과 후 학교에서 컴퓨터를 배우기 시작한 리한이는 워드나 파워포인트 같은 소프트웨어 활용 공부부터 시작했고, 초등 3학년에 문서 실무 자격증, DIAT 워드와 파워포인트 자격증을 땄으며, 교내 타자왕선발대회에서 최우수상을 받았다.

컴퓨터로 하는 거라면 수행 평가도 좋았고, UCC 만들기도 좋았고, 게임도 좋았다. 나중엔 꼭 로봇을 컴퓨터로 움직여 보고 싶다며 열심히 축구 로봇과 라인트레이서를 만들기도 했고, 국립과천과학관의 온라인과학게임대회와 온라인수학게임대회에도 스스로 신청하여 참가했다. 컴퓨터에 관한 한 스스로 찾아서 즐기면서 공부를 했기에 그저 본인의 호기심에 따라 공부하기만 해도 출중한 실력을 발휘했다.

게임에만 너무 빠지지 말라고 초5부터 정보 올림피아드 공부를 시작했는데, 토일 주말을 오로지 컴퓨터 공부에 바치더니 초6부터 고3까지 참가한 정보 올림피아드에서 지역 예선 대상 1회, 금상 3회, 은상 1회, 지역 본선 금상 4회, 은상 2회, 전국 대회 은상 5회, 동상 1회를 수상하였다. 중학교 2학년 때는 임베디드소프트웨어대회에 참가했다. 예선은 추첨이었고 8 대 1의 경쟁률을 뚫고 운 좋게 당첨되어 주말과 방학 기간을 이용하여 소프트웨어 교육을 받았고 결선에서 우수상을 수상했다.

고등학생 때는 넥슨청소년프로그래밍대회(NYPC)에 출전했다. 수학 문제 풀이처럼 보이는 정보 올림피아드와는 달리 퍼즐을 푸는 것같이 창의적이고 재미있는 문제들이 많은 대회이다. 리한이는 NYPC 본선에서 고1, 고3 때 두 차례 동상을 수상했으며, 본선 수상자가 단 10명뿐인 대회이므로 전국에서 코딩만큼은 10위 안에 든 것이다. 정보 올림피아드와 NYPC를 석권하다시피 한 리한이가 컴퓨터 공학을 전공할 것을 의심해 본 적이 없었고, 전국 대회에서 실력을 인정받은 만큼 수시 특기자 전형으로 대학에 지원했다. 차례대로 합격 발표가 날 때마다 리한이에게 전화를 받았다.

"떨어졌어요. 괜찮아요. 안 될 것 같았어요."
"떨어졌어요. …."
"죄송해요. 아 …."

리한이는 고3 때 지원한 모든 대학에서 낙방했다. 그토록 좋아하고 즐겼던 8년 공든 탑이 무너졌다. 리한이도, 나도 말을 잇지 못했다. 리한이 담임 선생님은 "저희도 예상하지 못했어요. 리한이 정도면 합격권이거든요. 당연히 될 줄 알았어요."라고 하셨지만 위로가 되지는 못했다.

나는 리한이가 떨어진 원인을 분석하거나 왜 그렇게밖에 못했냐고 비난할 새도 없었다. 우선 대책부터 강구해야 했다. '그럼 지금부터 어떡하지? 리한이는 어쨌든 대학을 갈 거고 그럼 재수밖에 답이 없는데, 무엇을 어떻게 해야 하나?' 일반인 대회에 출전하여 실적을 조금 더 쌓아 수시로 지원하는 방법과 오로지 수능에만 매달려 정시로 지원하는 방법 중에 선택할 수 있었는데, 전자 쪽 확률이 높을 것 같았지만 리한이에게 쉽사리 권하지는 못했다. 며칠을 말없이 생각만 하고 있던 리한이가 입을 열었다.

"정시 준비를 할게요. 서울대 의대를 목표로 공부할래요."

"컴퓨터 공학과를 포기해도 괜찮겠어? 정시를 공부해 본 적도 없잖아."

"대학에 떨어진 것도 새로운 도전을 해 볼 수 있는 기회니까 정시로 도전했을 때 저의 최고치를 시험해 보고 싶어요."

리한이는 정시에 도전하기 위해 대학에 떨어지자마자 수능 준비를 시작했고, 본인이 좋아하던 게임을 모두 상자 안에 넣고 하지 않기로 결심했으며, 일생에 단 한 번뿐인 고등학교 졸업식에 참석하지 않았다. 그렇게 일 년간 매일 규칙적으로 열심히 공부한 결과 의대에 합격했다.

《내 치즈는 어디에서 왔을까》에는 꼬마 인간 헴과 허의 이야기가 나온다. 둘은 먹어도 먹어도 늘 치즈가 쌓이는 미로에 살고 있었고 치즈를 배불리 먹으며 행복하게 지냈다. 어느 날부터 치즈가 더 이상 나오지 않자 허는 치즈를 찾아 떠났다. 헴은 '분명 치즈는 다시 생길 거야.' 라고 믿으며 허를 따라가지 않았다. 혼자 남은 헴이 아무리 기다려도 치즈가 나타나지 않자 낡은 연장을 들고 치즈를 찾아 나섰다. 헴은 예전의 방법대로 미로 곳곳을 찾았고, 낡은 연장으로 벽을 팠지만 치즈는 나오지 않았다. '과거의 신념은 우리를 새 치즈로 이끌지 않는다.' 라는 것을 깨닫고 미로 밖이 있을 것이라는 새로운 신념을 가진 후 비로소 미로를 탈출하여 허도 만나고 새 치즈도 찾았다.

리한이는 그동안 정보 올림피아드와 NYPC 실적에 만족하느라 자신이 할 수 있는 다른 것은 보지 못했던 것 같다. 무한한 다른 가능성을 찾아볼 생각도 하지 않고 '이 정도면 원하는 대학에 충분히 갈 수 있어.' 라며 자신을 위로하고 있었다. 그동안 자신이 쌓아 온 8년간의 공이 송두리째 무너진 후에야 '나에게 정보 수상 실적이 없다면 무엇을 할 수 있을 것인가?' 를 생각하기 시작했다. '컴퓨터를 좋아한다고 꼭 컴퓨터 공학과에 가야 하는 것은 아니야. 수상 실적이 있다고 합격하는 것도 아니지. 우선 수능 정시로 갈 수 있는 최고치에 도전해 보고, 직업은 천천히 알아보면 돼.' 라고 생각했다.

우리는 공부나 입시에 관해서 우리가 사실이라고 믿고 있는 낡은 신념에 갇혀 기회를 놓치고 있는지도 모른다. '영재는 독특하고 엉뚱한 면이 있어.', '쟤는 학원에 다니니까 공부를 잘하는 거야.', '내신 성적이 안 좋으면 내가 원하는 대학에 가긴 틀렸어.' 등등 새로운 선택을 하는 데 불필요한 신념을 바꾸어 보면 어떨까? 헴이 낡은 연장을 버리고 치즈를 찾아 미로 밖을 상상한 것처럼 새로운 신념을 선택하여 '성실하게 꾸준히 공부하는 학생이 영재야.', '학원에 다니지 않고도 공부를 잘할 수 있어.', '내신 성적이 안 좋으면 원하는 대학에 정시로 도전하면 돼.' 등등 불가능해 보이고 존재하지 않을 것 같은 미래가 정말 있다고 상상해 보자.

"예상치 못한 실패가 오더라도 새로운 신념을 선택할 용기를 내요."

06
불가능한 미래를
가능하게 바꾸는 용기 솔루션

"공부를 잘하고 싶지만 그렇게까지 하고 싶지는 않아요."라는 말을 들을 때 안타깝다. 공부로 성취도 하고, 직업도 찾고, 행복도 찾기로 정했다면 노력이 반드시 필요한데, 애쓰고 싶지 않고, 시간과 노력을 투자하고 싶지도 않고, 자신도 없다면 공부로 뜻을 이룰 수는 없다. 우선 '하고 싶다, 도전하겠다, 할 수 있다.'라고 할 용기가 필요하다. 앞으로 학교에서, 직장에서 새로운 일과 맞닥뜨릴 때 안 될까 봐 두려워하지 않고, 실패할까 봐 불안해하지 않으면서 과감히 도전할 용기를 내려면 어떻게 하면 좋을까?

첫째, 하고 싶으면 무조건 시작한다.

시작도 하지 않고 이룰 수 있는 것은 아무것도 없다. 하고 싶은 것이 있다면 앞뒤 재지 말고 일단 하고 보아야 한다. 할 수 있을지 없을지는 하면서 알아보면 된다. 미리 불가능을 예측하거나 실패할까 봐 두려워할 필요가 없다. 일단 시작하면 도전하고 응전하는 과정에서 가능성도 알아보게 되고, 필요한 것이 무엇인지도 알아 가게 된다. 행여 도중에 포기할지라도 시작도 하지 않았을 때와는 분명 다른 사람이 될 수 있다. 용기의 첫걸음은 시작이다.

둘째, 스스로 선택하게 한다.

리수는 다섯 살 때부터 서점에 갈 때마다 읽고 싶은 책을 스스로 골랐다. 한두 시간 만에 다 해 버릴 스티커 책을 고르기도 하고, 매번 만화책을 골라 아까운 생각이 들 때도 있었지만 아이의 자율성을 길러 주기 위해 꾸준히 지켰다. 리수는 영어를 배우고 싶은 것도, 피아노를 배우고 싶은 것도, 스케이트를 배우고 싶은 것도 자신이 스스로 선택했다. 스스로 선택한 배움에 푹 빠져 열심히 했던 경험이 있었기에, 성장한 뒤에도 자신에게 맞는 의대라는 길을 선택할 수 있었다. 아이에게 스스로 선택할 자유를 주면, 다소 어려워 보이는 것도 기꺼이 하려는 용기를 낼 수 있다.

셋째, 있는 그대로를 존중한다.

승주는 "부모님이 공부 잘하는 언니는 인정해 주고, 운동을 좋아하는 나는 인정해 주지 않았어요. 게다가 저한테 언니처럼 하래요. 제가 어떻게 꿈을 가질 수 있겠어요?"라며 자신을 존중해 주지 않는 부모님 때문에 무엇을 하고 싶다고 말하지 못했다. '제주 여행'이라는 동행을 통해 마음을 터놓고 승주의 호텔리어 꿈을 존중해 주면서 비로소 관계가 좋아지고 승주는 자신의 꿈을 향해 열심히 공부할 수 있었다. 자녀는 잘하면 칭찬해 주고, 못하면 야단칠 수 있는 존재가 아니다. 자녀의 있는 그대로의 모습을 존중해 주고, 자녀의 선택을 존중해 주면 스스로 자신이 좋아하고 잘하는 길을 찾아갈 수 있다.

넷째, 장점에 주목한다.

부모라면 자식이 잘되길 바라는 마음에 "그것도 못하니!", "역시 넌 안돼.", "남들은 1등도 잘만 하던데."라는 말들이 불쑥 나갈 수 있다. 자녀가 못하는 일이나 단점을 자꾸 지적하거나 비난하면 자녀는 어떤 것도 최선을 다할 용기를 내지 못한다. 아주 작은 장점이라도 잘하는 점을 골라서 칭찬해야 자녀에게 용기를 북돋을 수 있다. 수학 시험을 못 봤다고 울상이라면 "글쓰기는 네가 제일 잘하잖아."라고 해 주며, 산만해서 실수를 많이 한다고 의기소침할 때 "다양한 것에 관심이 많은 게 장점이야."라고 해 주면 다시 도전할 용기를 낼 수 있다.

누구나 장점과 단점을 골고루 가지고 있다. 장점에 주목할 때, 단점을 장점으로 바꾸어 칭찬할 때 불가능한 일에도 도전할 수 있다.

다섯째, 다 잘하려고 하지 말고 중요한 일을 잘할 수 있도록 한다.

성공한 사람들은 명확한 목표가 있을 때 불필요한 일들은 줄이고, 중요한 일에 집중했다. 올림픽 금메달을 목표로 하는 운동선수들은 스케줄을 온통 연습과 체력 관리에 쏟았다. 의대가 목표였던 리한이는 좋아했던 컴퓨터 게임을 일 년간 중단하고 오직 공부에만 집중했다. 내가 진정 잘하고 싶은 일이 있다면, 그 일에 중요치 않은 일은 포기하고 버릴 줄 알아야 한다. 당장 시험을 앞둔 학생이라면 웹툰 보기나 컴퓨터 게임은 줄이는 것이 좋고, 수학 실력을 향상시키기 위해서는 영어 공부를 줄이는 것이 좋다. 한꺼번에 많은 것을 잘하려고 하기보다는 우선순위를 정해서 중요한 일부터 해야 한다.

여섯째, '… 해서 행복해.' 라고 다섯 가지를 써 본다.

위의 다섯 가지를 지금 당장 실천할 수 없다면 자녀와 함께 '… 해서 행복해.' 라고 다섯 가지를 써 본다. 불가능한 일을 기꺼이 해내겠다는 용기, 실패를 두려워하지 않을 용기, 역경과 고난을 새로운 도약의 발판으로 삼을 용기는 행복한 기억과 현재의 행복에서부터 나온다. 사람은 자신이 스스로 선택한 일을 성취했을 때 행복을 느끼며, 그 행복을 다시 찾고자 새로운 일에 도전한다. 강요된 목표나 꿈은 행복을 가져다주지 않으므로 자녀가 좋아하는 것을 선택하여 스스로 배우도록 지지하고 존중해 주면, 그 성취가 크든 작든 행복한 삶을 찾아 도전할 용기를 낼 수 있다.

리수는 피겨 스케이팅 선수가 되고 싶다고 했을 때, 의대에 가겠다고 했을 때 불가능해 보이지만 새로운 일을 기꺼이 해내겠다는 용기를 냈다. 혜수는 과학고 합격이 불가능할까 봐 여러 차례 포기하려고 했지만 결국 도전해 보는 것으로 용기를 냈다. 불가능하지만 도전해 보는 용기가 없었다면 리수에게 의대 합격이라는 결과도, 혜수에게 과학고 합격이라는 결과도 없었을 것이다. 안될지도 모르는 새로운 도전과 만나게 될 때 과감하게 "하겠습니다!"라고 말할 수 있는 용기를 냈기에 가능한 일이었다. 스스로의 도전과 용기, 자신의 장점에 주목하고 중요한 일에 집중할 힘을 갖춘다면 앞으로 닥쳐올 그 어떤 일에도 "하겠습니다!"라고 말할 수 있다.

"하고 싶은 것을 스스로 도전하여 성취했을 때 용기가 자란다."

나는 자녀에게 용기를 부여하는 엄마일까?

나에게 해당하는 문장에 ☑표 하세요.

A

☐ 자녀는 하고 싶은 것을 나에게 잘 이야기하는 편이다.

☐ 자녀가 하고 싶다면 무엇이든 시작하게 해 주는 편이다.

☐ 자녀가 하고 싶은 것은 자녀 스스로 선택하게 하는 편이다.

☐ 지금 다니는 학원들은 자녀가 하고 싶어 선택했다.

☐ 자녀가 이루고 싶어 하는 꿈을 응원하고 지지한다.

☐ 자녀도 자신의 의견을 제시할 수 있으며 상호 존중해 주는 편이다.

☐ 상대의 장점을 먼저 보는 편이다.

☐ 우선순위를 정해 놓고 중요한 일부터 하게 하는 편이다.

☐ 다 잘하려고 하기보다는 좋아하는 것만 잘해도 괜찮다.

☐ 자녀가 지금 현재 행복한 삶을 살기 바란다.

B

☐ 자녀가 좋아하는 것이 무엇인지 정확히 모르는 편이다.

☐ 자녀가 하고 싶은 것이 있다면 가능할지 먼저 생각해 보고 불가능하다면 반대하는 편이다.

☐ 자녀가 하고 싶은 것이 있더라도 공부에 방해가 되면 못 하게 한다.

☐ 지금 다니는 학원들은 엄마의 주도하에 스케줄을 짰다.

☐ 자녀의 꿈을 지지하지만 부모의 의견도 중요하다.

☐ 아이들은 아직 완전히 성숙하지 않았으므로 어른의 의견이 더 중요하다.

☐ 단점이 있으면 고쳐야 한다고 생각한다.

☐ 해야 할 일이 있으면 다 할 때까지 놀면 안 된다고 생각한다.

☐ 모든 것을 골고루 잘해야 대학 갈 때 유리하다고 생각한다.

☐ 미래의 진학, 직업을 위해 지금 현재는 참으면서 공부해야 한다고 생각한다.

A 7개 이상, B 2개 이하

아주 잘하고 계세요. 자녀의 선택을 존중해 주고, 자녀의 꿈을 지지해 주시니 새로운 일을 시작할 용기를 잘 발휘할 수 있을 거예요.

A 3개 이상 6개 이하, B 3개 이상 6개 이하

보통이에요. 자녀를 존중해 주고 싶다는 이상은 있으나 현실에서는 엄마의 의견을 많이 개입하는 편이세요. 장점을 인정하고 무조건 존중해 주면 훨씬 더 용기를 내기가 수월할 거예요.

A 2개 이하, B 7개 이상

조금 더 분발하세요. 모든 것을 다 잘할 수는 없어요. 자녀가 선택한 인생을 행복하게 살 수 있도록 존중하고 지지해 주시면 더 좋아질 거예요.

"내가 꼭 실천하고 싶은 한 가지를 골라 적어 보세요."

Chapter 7

1등급 만드는 초1~중3
'마스터플랜'

중3까지 내다보는
초등 공부 플랜은
어떻게 설계하지요?

01
엄마는 기다려 주었어요,
내가 스스로 공부할 때까지

리수가 의대에 합격하자 리수의 고등학교 2년 후배인 태경 엄마가 함께 만나자고 제안을 했다. 태경이도 의대에 가고 싶은데, 비결을 알고 싶다며 무엇보다 리수에게서 이야기를 들어 보고 싶다고 했다. 태경 엄마는 평소에도 리수와 리한이가 어떻게 공부를 하는지 관심이 많았다. 태경 엄마가 리수에게 물었다.

"둘 다 공부를 잘하는 비결이 뭐야? 엄마가 어떻게 했길래?"
"우리 엄마는 기다려 주었어요. 제가 스스로 공부할 때까지요. 지금은 동생이 스스로 공부하기를 기다리는 중이세요."

나는 뭉클했다. 그동안 미래를 스스로 선택하라고, 공부를 스스로 하라고 기회를 주고 기다려 준 것은 맞지만 리수가 그렇게 말해 줄 줄은 몰랐다. 최대한 리수를 존중해 주고, 리수의 인생을, 행복을, 습관을 스스로 선택하기를 바라고 안내해 주고 기다리기는 했지만, 그런 말을 직접 리수 입에서 듣다니 감동이었다.

리수는 어려서부터 자신이 배우고 싶은 것을 스스로 선택했다. 어린이집 강당에서 피아노 연주를 보고 와서는 피아노를 배우고 싶다고 했고, 연말 학예회에서 발레를 하더니 무용을 배우고 싶다고 했고, 아파트 입구에서 판촉하는 튼튼영어 부스에서 상담을 하고 와서는 내 손을 잡아 이끌었다. 선택할 때마다 무엇이든 배우게 해 주었더니, 초등 5학년부터는 거의 스스로 배움을 선택했다. 어느 날 소방 합창단 오디션을 보고 와서는 합격했다고 앞으로 합창단 활동을 한다고 했고, 6학년 때는 친구들과 종합 스포츠를 하기로 했다며 골프 장갑을 사 달라고 했다.

아이의 호기심과 배움의 의욕에 따라 거들어 주었더니 나중엔 수학 학원에 다니고 싶다는 것도, 화학을 배우게 해 달라는 것도, 의대에 가고 싶다는 것도 스스로 선택했다. 개인적 기질로 보면 리수는 에너지가 넘치고, 적극적인 편이어서 어쩌면 나는 복을 타고났는지도 모른다. 그렇지만 하고 싶다고 어디 다 해 줄 수 있는가? 그것을 다 뒷받침해 주는 것도 조금은 버거울 때가 있었다. 그렇더라도 어릴 때부터 스스로 읽고 싶은 책을 고르게 하고, 사고 싶은 장난감을 고르게 하고, 배우고 싶어 하는 것을 배울 수 있도록 무조건 존중해 주고 지지해 주는 자세를 가지려고 애썼다. 아이의 주도성과 자율성을 존중해 주면 훗날 자신의 진로를 스스로 선택하여 최선을 다할 것이라 믿었다.

나도 한때는 지나친 욕심에 화내고 혼내는 엄마일 때도 있었다. 초등 3학년

리수를 영재원에 합격시키겠다는 욕심을 품었을 때 《응용 왕수학》 문제집을 사서는 매일 2쪽씩 공부하게 하고 "왜 빨리 안 해!", "이것도 틀렸어?", "영재원에 못 가면 어쩌려고 그래!"라며 아이를 재촉하고 다그쳤다. 책을 읽고 학습 코칭을 공부하면서 내 방법이 잘못되었음을 깨닫고 리수에게 진심 어린 사과를 했다. "리수야, 미안해. 엄마가 앞으로는 화내지 않을게."

리수와 약속을 한 후, 공부를 지시하고 가르치는 방식에서 계획을 세우고 실천하고 점검하는 방식으로 바꾸었다. 매일 얼마만큼 공부할지는 리수와 의논하여 정했고 계획은 함께 세웠다. 실천은 리수의 몫이었고 조금 느리더라도, 조금 미루더라도 리수가 마칠 때까지 기다렸다. 다음 날 아침, 리수가 학교에 가고 나면 리수가 풀어 놓은 문제집을 채점하고 공책에 오답 풀이를 써 주었다. 리수는 학교에 다녀와서 전날 틀린 문제의 오답 풀이를 내가 풀어 놓은 아래에 다시 풀고, 오늘 분량을 공부했다.

초등 5학년이 되자 혼자 스스로 공부하겠다고 엄마가 체크하거나 오답 노트를 써 주는 것은 안 해도 된다고 선언했다. 리수가 스스로 하도록 동의를 하긴 했는데, 늘 미루고 하다가 마는 습관이 있어 신경이 쓰이지 않을 수 없었다. 처음엔 참기가 무척 힘들어 리수의 문제집과 공책을 뒤지고 혼자 한숨을 쉬고 가슴을 쓸어내리기를 여러 번 했지만, 장기적으로 자기 주도 공부 습관을 길러 주는 것이 가장 중요하기에 꾹꾹 참았다. 리수는 놀다가도 공부하고, 딴짓하다가도 공부하고, 미루었다가 하는 둥 마는 둥 엄마가 보기엔 답답해 보이지만 어쨌든 한 달 정도 지나면 계획했던 분량을 마치기는 했고, 나는 서서히 리수만의 방법을 인정하게 되었고 조금 부족하더라도 리수의 몫이라고 생각했다.

의대 진학을 위해서도, 공부를 잘하기 위해서도 가장 중요한 것은 스스로 공부하는 힘이다. 긍정마음, 꿈, 공부재능을 다 잘 갖추었어도 자기 주도 공부 습관을 기르지 못하면 자신이 원하는 최종 목표를 이룰 수 없다. 높이 쌓아 올린 돌탑이 마지막 단 한 개의 돌을 놓을 때 무너지는 것은 단 한 개의 잘못이 아니라 기초부터 탄탄하지 못했기 때문이다. 초등부터 자기 주도 공부 습관을 길러서 공부에 관한 자신감이 충만할 때 어떤 진로를 선택하든 잘해 낼 수 있다.

초1~중3 마스터플랜의 자기 주도 공부 습관
+ 배움의 욕구
+ 명확한 목표
+ 꾸준한 공부
+ 메타 인지

《거꾸로 교실 거꾸로 공부》에서 "아이들은 모두 스스로 배움의 욕구가 있고 교사가 잘 안내하고 격려해 주면 누구나 배울 수 있는 능력이 있다."라고 했다. 아이들이 본연에 가지고 있는 배움의 욕구를 "이것밖에 못해?", "넌 재능이 없나 보다."라며 비난하거나 단정 짓지 말고 아이의 호기심과 배움의 욕구에 따라 존중하고 지지해 주면 자기 주도 공부 습관의 첫걸음이 완성된다.

배움의 욕구를 잘 존중받은 아이들은 스스로 하고 싶고, 배우고 싶은 것을 선택하고 그것을 잘하려고 노력한다. 아직 잘 배우는 방법은 모를 수 있는데, 그럴 땐 약간의 안내가 필요하다. 명확한 목표를 설정하고 계획을 세우고 꾸준히 공부하는 습관을 들이는 방법을 알려 주고 매일 잘 지키는 과정을 스스로 체크하게 한다. 처음엔 엄마가 과정에 참여하지만 차츰 아이의 몫을 더 늘려 초5 이상이면 스스로 계획을 세우고 공부할 수 있도록 한다.

메타 인지란 '아는 것과 모르는 것을 자각하고, 스스로 문제점을 찾아내고 해결하며 자신의 학습 과정을 조절할 줄 아는 지능'을 말한다. 아이 스스로 계획을 잘 실천하고 있는지, 부족한 점은 무엇인지, 어느 부분을 더 공부해야 할지 점검하고 알아 가는 과정에서 메타 인지가 자라난다. 이 부분이 잘 성장했을 때 초1~중3 마스터플랜의 자기 주도 공부 습관이 완성되므로 스스로 부족한 부분을 찾아내고, 질문과 계획 수정을 통해 메타 인지가 형성되도록 한다. 자기 주도 공부 습관이 잘 완성되기 위해서 부모는 존중해 주고, 격려해 주고, 기다려 주면 된다.

"초등 때 자기 주도 공부 습관을 갖는 것이 가장 중요하다."

02
수학 수능 만점을 목표로 하는
초1~중3 마스터플랜

    엄마는 초6 희준이가 영재라고 하셨다. 영재라면 대개는 조금이라도 선행을 하는 편인데, 희준이는 선행은 하지 않고 사고력 수학 학원에만 다녔다. 초5, 6 수학 심화 테스트를 했는데 척 보았을 땐 풀이도 잘 써 놓고, 글씨도 반듯하고, 1시간 내내 집중하여 푸는 태도에서 약간의 영재성이 있을 수도 있다는 생각이 들었다. 희준이의 수학 시험지를 채점하고는 깜짝 놀랐다. 단 한 문제도 맞는 답을 쓰지 못했다.

"사고력 수학 학원에 얼마나 다녔어요?"

"초등 3학년부터 최근까지 다녔어요."

"교과 수학 공부는 따로 했어요?"

"학교에서 하니까 안 했어요."

"희준이는 교과 수학이 전혀 안 되어 있어요. 학교에서 배우는 수학이요."

"그럴 리가요."

"기초적인 계산도 안될뿐더러 문장 이해력도 부족합니다."

"다니던 학원에서는 창의적으로 잘 푼다고 했어요."

"머리가 좋고 창의적일 수는 있어요. 그런데 연산을 창의적으로 풀어야 하는 건 아니에요. 희준이에겐 연산 기초와 수학의 기본 개념들이 필요해요. 초등학교 수학을 처음부터 다시 해야 합니다."

"수학 학원을 몇 년을 다녔는데 수학을 처음부터 하라니요!"

희준이는 사고력 수학 학원에서 다르게 생각하고 새롭게 생각하는 방법에 너무 익숙해진 나머지 자기 생각대로 문제를 이리저리 해석하고 끼워 맞추고 있었다. 연산 연습이 안 되어 있어 분수의 계산도 제멋대로 하고 있었고 비와 비율의 개념도 알지 못했다. 창의적 사고가 중요하더라도 수학은 연산과 개념 등 기본기가 바탕이 되어야 한다. 어릴 때 사고력을 개발하기 위해 창의적인 문제를 푸는 것은 괜찮지만, 이는 어디까지나 교과 수학을 잘한다는 전제하에서다. 희준 엄마는 처음엔 수학 실력이 없다는 말을 믿지 못했지만 "처음부터 해 볼게요."라는 희준이 말에 다시 시작하기로 했다. 태도가 반듯하고 성실한 희준이기에 반드시 잘해 낼 것이라 믿었다.

수학은 단계가 확실한 과목이어서 어느 한 과정에 구멍이 있으면 반드시 다음 단계에 영향을 끼친다. 어느 정도 개념을 익히고 학교 시험에서 90점 맞을 정도로 공부했다고 하더라도 심화를 꼭 공부해야 제대로 된 실력을 쌓을 수 있다. 요즘엔 학교 내신이 많이 쉬워져서 학교 시험을 잘 본다고 수학 실력을 마냥 믿을 수는 없다. 초등 때 쌓지 못한 부분을 고등학생이 되어서 발견하게 되면 너무 늦다. 코딩이 기본이 되고 AI가 생활화된 시대에서 컴퓨터 언어의 기본이 되는 수학은 공부를 잘하고 싶은 학생이라면, 반드시 철저하게 꾸준히 독하게 공부해야 한다.

'수학을 잘하는 초1~중3 마스터플랜'은 장기적으로는 수능 수학 만점,

수학을 잘하는 초1~중3 마스터플랜

■ 초1~2
사칙 연산 완성. 교과 수학은 현행 기본·심화 차례대로 진행. 수학 동화, 수학 만화책을 포함한 책 읽기가 수학 공부보다 더 중요

■ 초3~4
초등 연산 완성. 교과 수학은 기본·심화를 동시에 진행하면서 초등 교과 수학을 완성. 《창의사고력수학 팩토》 또는 《수학 1031》 활용, 수학 관련 도서 읽기(《초등 수학뒤집기》, 어린이 수학 잡지)

■ 초5~6
중학 연산 완성. 중등 수학 기본·심화 동시 진행, 고등 수학(상)(하) 기본, 수학 관련 도서 읽기 (《디딤돌 초등 수학 3% 올림피아드》, 수학 잡지, 영재원 도전)

■ 중1~중2 1학기
고등 수학(상)(하) 심화, 중등 심화 복습, 수1, 내신 A 받기, 수학 관련 도서 읽기 (경시(대수, 정수, 기하, 조합) 공부, KMO(한국수학올림피아드) 도전)

■ 중2 2학기~중3
수2, 미적분, 확률과 통계, 기하 기본 1번, 심화 1번, 내신 A 받기('영재 학교, 자사고' 도전, 고등학교 모의고사 풀기)

※ (　　　) 안은 최상위권 목표일 때

내신 1등급, 교내 수학 경시대회 수상을 목표로 하는 계획이다. 중간 목표로 영재원 도전, KMO 수상, 영재 학교, 자사고 도전을 넣었다. 입시를 치를 때 성적 외에 학교생활 기록부도 보기 때문에 수학 관련 도서 읽기도 포함시켜 놓았고, 수학에 대한 관심과 흥미를 유지하기 위해 수학 만화책, 수학 잡지 읽기도 넣었다. 괄호로 표시한 부분은 영재 학교, 자사고 합격 또는 일반고에서도 의대 목표일 때는 필수다. 조금 부족하더라도 우선은 모든 과정을 거친 후 잘 안 되는 부분은 복습으로 계속 채워 간다고 생각하면 된다. 100% 성취를 목표로 하다 보면 오히려 막히는 수가 있으므로 최상위권의 공부를 잘 구경한다는 느낌으로 과정은 꼭 통과해 보도록 하자. 그러면서 자신의 실력과 위치에 대해서도 확인해 볼 수 있다.

초등 2학년까지는 수학에 관한 한 선행 학습은 필요치 않다. 오히려 충분한 책 읽기를 통해 언어 실력을 길러 놓아야 한다. 연산과 제 학년 문제집으로 집공부를 하되 빨리 마치게 되면 선행에 무리하지 말고, 책 읽기에 시간을 더 할애하면 된다. 초등 3학년부터는 시간과 양을 늘려 서서히 선행을 시작한다. 연산 1권, 기본 1권, 심화 1권은 늘 하고 있어야 한다. 한 학기는 3개월 정도에 마칠 수 있도록 계획을 짜면 2년이면 초등 수학을 완성할 수 있다.

초5부터는 본격적으로 좀 달려야 하는데, 이때부터 논리 두뇌가 비약적으로 성장하기 때문에 반드시 수학 공부량을 늘려야 한다. 중등 영재원이 목표라면《에이급 원리해설 수학》,《에이급 수학》을 마치는 것과《디딤돌 초등 수학 3% 올림피아드》를 완성하는 것으로 계획을 짜면 좋다.

중1부터 KMO를 공부한다고 해서 높은 상이 나오거나 특목고 입시에 필수적인 것은 아니지만, 수상을 목표로 공부한다는 것은 공부 활력을 끌어올리고 실력을 비약적으로 발전시키는 데 큰 도움이 된다. 장려상이라도 나온다면 더 좋다. 만일 KMO 공부가 버겁다면 고등 수학(상)(하) 심화와 중등 심화 복습만 진행하면 된다. 최상위권이 목표라면 중등 심화 교재인《에이급 수학》과《수학의 정석(실력편)》고등 수학(상)·(하)는 다시 보고 또 보아 모르는 문제가 없을 때까지 완성시켜 놓는 것이 좋다.

영재 학교 입시를 준비할 때는 수1 이후의 고등 선행은 중2 정도에 시작하여 입시 공부와 병행하도록 하고 파이널 때는 잠시 쉬었다가 끝난 직후부터 공부량을 많이 늘려 빠른 시일 내에 기본과 심화를 완성해 놓도록 한다. 영재 학교 입시를 치르지 않고 자사고에 도전할 때는 수2와 미적분의 시작 시기를 조금 앞당기도록 한다. 물론 이 공부의 모든 바탕은 내신 성적 A이다.

수학은 대학 입시에서 중요한 위치를 차지한다. 2021학년도 기준으로 이과에서 수학 만점을 받은 인원이 대략 천 명, 인서울 의대 정원을 합한 수와 거의 일치한다. 단순 비교를 할 수는 없지만 정시를 기준으로 수학만 놓고 봤을 때 만점 정도는 맞아야 극상위권 의대 합격선에 들어간다고 볼 수 있다. 마스터플랜에 따라 수학 만점을 목표로 공부하면, 의대뿐 아니라 원하는 전공 어디에서든 최고가 될 수 있다.

"의대가 꿈이라면, 다른 꿈이어도 수학 만점을 목표로 하자."

03
국어, 영어, 제2외국어, 예체능, 한자 공부의 선택과 집중 전략

　기홍이는 고등학교 내신 성적이 좋은 편이 아닌데, 의대를 가고 싶어 했다. 고민 끝에 정시로 지원하는 전략을 짰고, 고2 후반부터 수능에 집중하여 공부를 했다. 한 가지 걱정이 있기는 했는데, 초등학교 5~6학년 때 어학연수를 다녀오면서 한국사 공부를 해 본 적이 없었고, 영어 공부에 치중하느라 책 읽기도 부족했다고 한다. '초등 때 조금 공부 안 한 것이 큰 영향을 끼치겠어? 지금부터 하면 되지.'라고 생각했는데, 고3 때는 한국사 5등급으로 원하는 학교에 가지 못했고, 재수 때는 국어 4등급으로 원하는 학교에 가지 못했다. 한국사와 국어에 발목이 잡힐 거라고는 예상하지 못했는데, 수학, 과학 못지않게 다른 과목도 중요하다는 것을 실감했다.

　초2 성은이는 여섯~일곱 살에 어학연수를 다녀왔다. 성은이가 영어를 유창하게 말하는 것을 보고 매우 똑똑할 줄 알았는데, 수학 성적이 좋지 않았다. 초2 수학을 공부하는데 '받아 올림', '아래로 더하고', '0은 생략' 등의 개념을 알아듣지 못했다. 수학도 추상화된 언어인 데다가 문장제 문제를 풀 땐 어휘 실력도 필요한데, 우리말의 의미를 알아듣지 못하니 풀이집에 있는 수준의 언어로는 이해하지 못했다. 문제를 소리 내어 읽게 하면서 집중력을 높이고, 한자로 이루어진 단어의 뜻을 설명해 주고, 손으로 풀이 과정을 쓰면서 보여 주고 따라 하도록 했더니 그런대로 조금씩 극복해 나갔다. 공부에는 적기가 있다는 것을 다시금 깨달았다.

발달에는 비가역성이 있어 어느 시기에 꼭 배워야 할 것을 놓치면, 다음 단계에서 힘들어진다. 국어, 영어처럼 어릴 때 꾸준히 해 놓은 것이 유리한 과목이 있고, 중학생이 되어서 집중하는 것이 유리한 과목이 있으므로 발달 단계에 맞춰 적기에 꼭 해야 할 공부는 빠트리지 않고 해 놓는 것이 좋다. 기초가 튼튼해야 나중에 공부가 진짜 하고 싶을 때 골고루 잘 관리할 수 있다.

> **공부를 골고루 잘하는 선택과 집중 전략**
> ✛ 초1~초6까지 책 읽기에 가장 많은 투자를 한다.
> ✛ 국어 학습지는 한 가지 정해서 초6까지 꾸준히, 5학년부터는 논술도 한다.
> ✛ 영어는 어학원 또는 학습지를 정해서 프로그램을 마칠 때까지 한다.
> ✛ 한자는 방학을 이용해 초4까지 4급을 마치도록 한다.
> ✛ 컴퓨터, 예체능은 방과 후 학교로 다양하게 경험, 초5부터는 코딩 공부를 한다.
> ✛ 과학은 초등 땐 책 읽기, 잡지, 만화책, 체험 학습, 실험, 영상 등 재미 위주로 한다.
> ✛ 제2외국어는 주 1회 2~3년 꾸준히 한다.

책 읽기에 가장 많은 공을 들여야 한다는 것은 잘 알고 있지만 국어 공부를 따로 하는 것에는 소홀한 경우가 많은데, 국어는 문법 등의 지식을 갖춰야 하고, 저자와 출제자의 의도를 알아차려야 하기 때문에 별도의 공부가 필요하다. 수능 국어에서 좋은 성적은 받은 리한이는 초1때부터 한 가지 학습지를 정해서 초6까지 꾸준히 국어 공부를 했다. 한자는 방학을 이용해서 한 단계씩 급수 따기에 도전하는 것을 추천하고 싶다. 학기 중보다 여유 시간이 있기도 하고 방학 때마다 한 가지 목표를 정해서 이루어 내는 성취감이 있어 좋다.

영어는 어떤 프로그램이든 한 가지 선택을 해서 그 과정을 모두 마칠 때까지 끝내면 완성하고자 하는 실력에 도달할 수 있는데, 어학원을 선택해서 최고반까지 마치면 가장 좋다고 한다. 만일 끝까지 마치지 않더라도 중1~2까지는 영어 학원은 꾸준히 이어 가는 것이 좋다. 나중엔 영어를 많이 공부할 시간이 진짜 없다.

어릴 땐 한 번쯤 운동선수나 아이돌을 꿈꾸었을 것이다. 한창 신체와 운동 기능이 발달하는 나이이기 때문에 당연하다. 그때 어차피 안 될 꿈이라며 미리 재단하거나 말리지 말고 하고 싶은 대로 실컷 할 수 있도록 밀어주면 평생 필요한 건강과 근육을 갖게 될 것이다. 피아노나 사물놀이 같은 악기나 컴퓨터, 로봇 등 한 가지를 꾸준히 해서 대회에 참가하거나 급수 따기에 도전하는 활동을 해 놓으면 도전과 성취의 경험을 할 수 있어 좋고, 취미 생활로 이어질 수 있으면 아이의 미래에 더할 나위 없는 동반자가 될 수 있다.

이렇게 나열해서 보면 초등 3학년이 해야 할 것들이 책 읽기, 영어, 국어, 한자, 예체능, 수학, 과학 실험, 체험 학습 무려 여덟 가지나 되므로 '그렇게 많이 해야 돼?'라고 생각할 수 있지만 선택과 집중을 잘 배치하면 여러 가지를 하면서도 힘들이지 않게 할 수 있다.

〈초등학교 저학년 계획표〉

시간	일	월	화	수	목	금	토
7~8시		영어					
3:00~4:30	체험 학습	방과후 학교 컴퓨터	방과후 학교 농구	방과후 학교 컴퓨터	방과후 학교 농구	자유	자유
4:40~4:50		국어					
4:50~5:30		수학					
5:30~7:00		자유				자유 영어 방문 선생님	
7:00~8:00		식사 / 휴식					
8:00~9:00	영어	자유 / 책 읽기					

리한이는 초등 3학년 때 영어와 수학을 모두 집공부를 했기에 매일 조금씩 공부하는 것으로 계획을 세웠다. 학원에 오가는 시간을 줄였기에 자유 시간이

많아서 좋았다. 컴퓨터와 예체능은 주로 방과 후 학교를 활용했고, 4학년 땐 컴퓨터를 로봇으로, 5학년 땐 기타로 바꾸어 다양하게 접할 수 있도록 했다. 초등 3학년 때는 매주 일요일 과천과학관에 가서 체험 학습을 했기에 과학 실험을 따로 하지는 않았고, 일주일 중에 하루는 자유를 만끽했다. 한자는 방학 때만 했기에 일주일 시간표에는 빠져 있는데 방학 중에 국어 공부 시간 앞쪽으로 배치하면 되었다. 저학년 땐 방학을 주로 운동, 놀이, 책 읽기, 책 활동으로 활용했다.

〈초등학교 고학년 계획표〉

시간	일	월	화	수	목	금	토
4:00~5:30	코딩	방과 후 학교 기타	방과 후 학교 농구	방과 후 학교 기타	방과 후 학교 농구	국어	자유
5:30~7:00		영어					
7:00~8:00	식사/휴식	영어 방문 선생님	식사/휴식			논술	
8:00~9:30	영어	식사/휴식	수학			식사/휴식	
9:30~10:00	수학, 책 읽기	수학	책 읽기				

초등 6학년 때는 늦잠이 늘어 영어 아침 공부를 오후로 옮기고, 수학 공부 시간도 늘렸더니 자유 시간과 책 읽기 시간이 줄었다. 국어는 늘 미루어서 그냥 하루에 5일치를 다 하도록 했고, 논술 방문 교육을 추가했다. 방학 중엔 낮 시간을 모두 수학과 자유 시간으로 할애했다.

요즘엔 초등학교에 시험이 없어져서 공부의 결과가 눈에 두드러지게 나타나기 시작하는 시기가 중학교 2학년 때이다. 뒤늦게 부족한 부분을 확인하지 않도록 초등 저학년 때는 언어 교육에, 고학년으로 갈수록 수학·과학 공부에 집중하면 내신과 수능 모두 잘 준비할 수 있다. 평일에는 책 읽기와 국영수를 중심으로 공부하면서, 주말에 틈틈이 예체능과 체험 학습 등으로 채워 주면 장기적인 선택과 집중 전략이 완성된다.

"발달 적기에 맞춰 저학년 때는 언어, 고학년 때는 수학·과학에 집중해요."

04
영재 학교, 과학고 목표는
학교생활 기록부와 자기소개서로
자신을 돌아보게 해요

해마다 5월은 영재 학교 원서 접수를 위한 자기소개서를 준비하는 기간
이다. 어느 친구는 잘 쓰기도 하고, 어느 친구는 도무지 수학, 과학 활동 내용을
찾을 수 없어 고전하기도 하는데, 잘 쓰든 못 쓰든 볼 때마다 흐뭇한 것은 자신
에 대해 생각해 볼 기회를 갖는다는 점이다. 입시를 위한 자기소개서가 아니라
면 중학생이 자신을 돌아볼 기회를 가질 수 있을까?

현두는 과학고 진학 목표가 없다가 중학교 2학년 1학기 내신 성적이 나
온 후에야 과학고 목표를 갖게 되었다. 현두 정도의 내신 성적이면 과학고 준비
를 한다는 얘기를 주변 친구들에게 들었을 뿐 아니라, 무엇보다 담임 선생님이
"현두가 과학고를 가면 좋겠어요. 학원에는 다니고 있죠?"라고 말씀해 주셔서
과학고를 준비하는 학원을 알아보다가 만나게 되었다. 현두는 지금까지 공부해

온 내용이 충실히 잘되어 있어서 앞으로 노력만 하면 가능성이 충분해 보이는 학생이었다. 다만 부족한 점이라면 중1, 2학년 때 수학, 과학 활동이 없는 것이 흠이었다.

"현두야. 지금부터 수학, 과학에 관한 것이라면 무엇이든지 하겠다고 해야 된다?"

"네."

"수학 축전이랑 과학 축전 다 참가해야 돼."

"과학 축전에 동아리만 참가하는데, 동아리에 떨어졌어요."

"그랬구나. 그럼 수업 시간에 무조건 열심히 집중하고, 수행 평가를 잘해. 그것도 자기소개서에 쓸 수 있어. 자신의 수학적·과학적 관심을 소개하면 되니까 걱정하지 말고…"

1년여 지나 현두가 자기소개서를 쓰게 되었다.

"수학탐구토론대회에 나갔다가 예선에서 떨어졌는데 써도 돼요?"

"그럼."

"과학은 수업 시간에 실험한 거랑 책 읽었던 내용을 쓰려고 해요."

"그래."

"과학고 목표를 가지길 잘한 것 같아요. 처음엔 잘하는 친구들과 비교하면서 저는 안될 줄 알았는데, 열심히 하면서 하고 싶은 마음이 더 생기는 것 같아요."

현두는 과학고 목표를 가진 후 나중에 자기소개서를 쓸 것을 생각하며 학교에서 수학, 과학 활동을 적극적으로 준비했다. 아마 목표가 없었더라면 나중에 입시를 위해 학교생활 기록부와 자기소개서도 관리해야 한다는 것을 배우지 못했을 것이다.

준성이는 초등 5학년 때 KMC 수학 경시대회에서 은상을 받더니, 중학생 때 KMO(수학올림피아드) 본선에도 진출했다. 수학을 좋아했고 수학에 자신 있었던 준성이는 영재 학교에 가고 싶어 했고, 학원에서는 우선 선발을 예상했다. 그런데 뜻밖에도 1차 서류 전형에서 탈락했다. 과학고에는 꼭 가야겠다며 자기소개서를 부탁해서 준성 엄마와 대화를 하게 되었다. 영재 학교에 떨어진 후에는 대개는 과학고에 지원하는 편이다.

"과학고에는 붙을 수 있을까요?"

"준성이 내신 성적이 어떤데요?"

"국어랑 한문이 D예요. 그래서 떨어진 것 같아요."

"한 번의 실수가 있더라도 다음 학기에 향상시키면 가능해요."

준성이는 지금까지 영재 학교를 목표로 공부를 했는데, 이번 일로 적잖이 충격을 받았다. "수학, 과학만 잘하면 돼요."라고 입버릇처럼 말했는데, 이번 일로 다른 과목도 골고루 성실하게 관리해야 한다는 것을 절실히 깨달았다. 중학생이 국어, 한문 성적을 올리는 것은 크게 어렵지 않다. A를 받겠다는 명확한 목표를 가지고, 매일 배운 내용을 그날그날 복습하고, 시험 기간 7~3일 전까지 시험 범위 전체와 관련된 문제를 풀어 보고, 시험 직전에는 교과서를 반복해서 읽으며, 선생님이 주신 프린트나 중요하다고 한 내용을 꼭 숙지하도록 하면 된다. 알고 있는 내용이지만 잘 실천하지 못했던 것을 다음 학기에는 기필코 실천하기로 하고 잘 지켜서 다음번엔 국어 B, 한문 A를 받았다.

준성이가 최종적으로 과학고에 합격하지는 못했지만, 가고 싶다는 목표를 통해 내신 성적을 관리해야 한다는 것을 알게 되었고, 자기 돌아봄을 거친 후에 스스로 중간고사, 기말고사를 준비하는 방법을 배울 수 있었다. 목표를 이루지 못했을 때는 실망이 이만저만이 아니겠지만 고입이 인생의 종착지가 아니라 이제 새로운 시작이므로 학교생활 기록부를 점검하면서 내신 공부하는 방법을 터득했다는 것만으로도 충분히 가치가 있었다.

공부에 관심이 있고, 공부를 해서 성취도 하고, 직업도 가지려는 생각을 했으면 중간고사, 기말고사를 위한 시험공부는 해야 한다. 중학생 때 예행연습을 해 놓아야 고등학교에 가서 실수를 줄일 수 있다. 이때 공부하고 싶은 마음을 불러일으킬 가장 좋은 방법이 명확한 목표이다. 내신 성적 A나 교내독후감대회 우수상, 교과 우수상, KMO, 정보올림피아드, 로봇대회나 소프트웨어대회 등의 대회 수상 목표, 영재 학교나 과학고 진학 목표를 가지면 공부의 방향을 잡지 못할 때 등불이 될 수 있다.

영재 학교나 과학고의 입학 전형은 학교생활 기록부와 추천서, 자기소개서를 제출하고 면접을 통해 평가받는 과정을 거치는데, 입시에 도전하면서 정해진 제도에서 자신을 평가받는 방법도 알게 되고, 내가 어떤 사람인지, 나를 어떻게 준비하고 표현해야 할지도 돌아보게 된다. '중학생 때 내가 한 게 없네요.'라고 깨닫는 것도, 이다음에 고등학교 때 준비를 더 잘하기 위한 경험이다.

목표를 명확하게 가지면 학교생활 기록부를 잘 관리하는 방법을 터득하게 되고, 자기소개서를 쓰면서 어느 부분을 잘했는지 어느 부분은 부족한지도 깨닫게 되고, 그때의 경험이 고등학교에 가서도 고스란히 쓰임이 될 수 있다. 다소 부족하고 불가능해 보이더라도 목표를 향해 노력하고 도전하는 과정 자체를 배우는 것이 이다음에 세상을 살아갈 큰 자산이 될 것이다.

"영재원, 경시대회, 영재 학교, 과학고 같은 명확한 목표를 통해 노력하고 도전하는 과정을 배울 수 있다."

05
슬기로운 사춘기 생활은
자녀 주도 공부로 극복해요

영재 학교, 과학고 입시를 앞둔 중학생 학부모, 학생들과 상담하다 보니 사춘기로 인한 상담 전화를 받을 때가 많다. 심지어 재원생이 아닌데도 전화를 해서 사춘기 하소연을 하는 분도 있을 만큼, 사춘기는 부모에게 어려운 숙제다. 아이들이 신체적·정신적으로 성장하느라 반항적이기도 하고 부모에게서 벗어나려는 움직임이 있다는 것은 어느 정도 예상하더라도, 막상 내 아이 문제에 부딪히면 현명하게 해결하지 못하고 감정이 먼저 앞서기 마련이다.

재준이는 초등학교 때 공부를 꽤 잘했던 아이다. 학교 대표로 창의력대회에도 나가고 학생실험대회에도 나가다 보니 주변에 소문도 났고, 과학을 잘하는 아이들이 다닌다는 학원에 친구들과 함께 다녔다. 엄마는 이대로면 재준이가 영재 학교도 가고 서울대도 갈 것이라 생각했는데, 중1 어느 날 재준이가 갑자기 학원을 안 다니겠다고 하였다. 재준이는 엄마와 대화하기 싫을 때마다 잠을 진짜 자는 건지, 자는 척을 하는 건지 방에서 잠만 잤다.

엄마는 재준이의 기분을 풀어 주려고 함께 여행을 다녀왔다. 여행지에서 워낙 밝고 명랑하게 잘 지냈던 터라 "재준아, 다시 학원 다닐 거지?"라고 물어보았는데, 방 안에 들어가 나오지 않았다. 어떻게든 해결해 주고 싶었던 엄마는 "재준아, 아는 분 아들이 영재 학교 졸업하고 카이스트 갔다는데, 형 좀 만나 볼래? 생각이 바뀔 수 있잖아. 어때?"라고 제안해 보았지만, "누가 그런 거 해 달라고 했어요!"라고 화를 내고 또 방 안으로 들어갔다.

이런저런 시도를 해 보다 1년이 지났고, 같은 반 친구가 자기 다니는 학원에 같이 다니자고 제안을 해서 새로운 학원에 다닌 지 한 달쯤 지났을 때였다. 재준이가 한창 공부를 잘했을 때 같은 학원 같은 반이었던 형의 영재 학교 합격 소식을 들었다고 한다. 엄마는 "태우 형이 영재 학교 합격했대. 아는 형이 합격하니 기쁘지 않아? 너도 같이 공부했으면 지금쯤 합격했을 텐데⋯. 이제부터라도 공부해 보자."라고 말했다. 재준이가 며칠 동안 학원에 가지 않는 것을 보며 재준이 마음이 불편했으리라는 것을 짐작했다.

"재준이가 하면 잘할 아이인데, 왜 그럴까요?"

"신체가 자라느라고 그럴 거예요. 호르몬이 왕성하다잖아요."

"다른 집 애들은 말 잘 듣던데, 속상해요."

"그렇지 않아요. 좋은 모습만 봐서 그럴 거예요. 집에서는 다들 조금씩 반항하고 그래요."

"설득해서 공부시킬 방법 있을까요?"

"재준이는 지금 힘들어하고 있어요."

"아니, 지가 뭐가 힘들어요? 해 달라는 거 다 해 주고 학원도 보내 주는데?"

"여행도, 누구를 만나게 해 준다는 것도, 아는 형이 합격한 것도 재준이한테는 다 자극이고 스트레스일 거예요. 재준이를 좀 기다려 주실 수는 없을까요?"

"기다리라뇨? 시간이 얼마 안 남았는데…. 다른 애들은 열심히 공부할 텐데요."

"다른 학생들과 비교하지 말고 재준이만 생각하세요. 스트레스를 훌훌 털고 스스로 마음이 당겨서 공부할 때까지 기다려 주세요. 어머니는 학원에 데려다 달라면 데려다 주고, 재준이가 해 달라는 걸 해 주시고, 먼저 무엇을 해 주려고 설득하지 마시고요."

"내가 다 저 잘되라고 하는 거죠. 아이를 위해서…."

"지금은 스트레스를 아무렇지 않게 생각하는 게 먼저예요. 너무 많은 관심보다는 그저 지켜봐 주세요. 그러면 선생님이나 주변 친구들에게 좋은 영향을 받고 스스로 일어설 때가 올 거예요."

재준이에게 앞으로 학원에 잘 다니라고, 공부 열심히 하라고, 친구들처럼 영재 학교 붙으라고, 남들처럼 말 잘 들으라고 하는 등등의 말을 하지 말아 줄 것을 부탁드렸다. 대신 묵묵히 기다려 주면서 재준이가 스스로 하고 싶어 하고 선택하고 공부할 때까지 지켜보자고 말씀드렸다. 좀 더 시간이 지나야 재준이가 스스로 일어서겠지만, 다니기 싫다는 학원을 잘 다니고 있는 것을 보면 조금씩 나아지고 있는 중이다.

엄마는 아이 잘되라고, 다 너를 위해서라고 하겠지만, 여러 가지 정보를 알아봐 주고, 남들은 어떻게 잘됐다더라 이야기를 하고, 학원에서 배우는 진도는 어떤지, 이번엔 성적이 왜 그 모양인지, 왜 틀렸는지를 일일이 간섭하는 행동은 오히려 아이를 방해할 수도 있다. 초등 5학년부터는 서서히 주도권을 아이에게 넘겨서 중학생이면 스스로 자신의 진로와 꿈을 선택할 수 있어야 하고, 명확한 목표도 찾아야 하며, 공부 계획도 세우고 실천해 보아야 한다. 스스로 실천하고 실패하고 다시 도전하는 과정에서 아이는 성장하고 진정으로 세상을 살아갈 힘을 얻게 된다.

리수는 중학교 2학년 때 "공부 잘해 주면 고마운 줄 아세요."라고 말해서 나를 깜짝 놀라게 했다. 나름대로 초5부터 스스로 계획을 세워 공부하게 하고, 되도록 간섭이나 잔소리를 하지 않으려고 애쓰고 있었는데, 리수가 볼 땐 그렇지 않았나 보다. 선택권을 준다면서 "어느 학원이 좋다던데 갈래?"라며 사실은 그 학원에 다니기를 바랐고, "수학(상) 정도는 하면 좋대."라고 제안하면서 사실은 공부해 주길 바랐던 내 마음이 전달되었나 보다. 그마저도 안 해야겠다는 것을 절실히 깨달았던 때, 마침 리수가 "공부는 엄마가 하라고 그랬잖아요. 안 할래요."라고 하기에 "그래, 하기 싫으면 하지 마. 앞으로 엄마는 리수 맛있는 거해 주고, 같이 노는 엄마 역할만 하고 공부에 관해서는 관여하지 않을게."라고 선언했다.

두 달여 동안 마음대로 스마트폰을 가지고 놀고, 등에 접착제라도 붙은 듯 침대에서 안 떨어지더니 "의사와 관련된 책 좀 사 주세요."라고 해서《동의보감》,《의사가 말하는 의사》를 보고 나서는 "학원에 다니게 해 주세요. 영재 학교를 목표로 공부할래요. 생명 공학자가 되고 싶어요."라고 했다. 그때부터는 정말 공부에 관한 한 리수가 스스로 알아서 했고, 나는 건강 관리만 챙겨 주고, 해 달라는 것을 해 주는 역할만 했다.

사춘기 아이와 트러블이 사라지지 않는 이유는 자꾸 엄마가 주도권을 가지려고 해서다. 아이들은 이제 부모에게 벗어나 독립을 준비하는 시기인데, 엄마는 자꾸 벗어나지 말라고 하니 부딪힐 수밖에 없다. 엄마 주도권을 내려놓고 잘 기다려 주다가 아이가 하고 싶은 것을 말하면 그때부터 적극적으로 밀어주면 된다. 그러면 조금 부족하더라도, 실패하더라도 자신이 스스로 선택한 일을 책임지는 법을 배울 것이다. 엄마는 격려해 주고 지지해 주고 응원해 주면서 잘 자라 주고 잘 견뎌 준 아이에게 감사하면, 사춘기 아이와 잘 지내고 공부도 잘하게 할 수 있다.

"자녀에게 주도권을 넘기고 기다려 주면 더 큰 행복을 만난다."

06
1등급 만드는
초1~중3 마스터플랜 솔루션

　어떤 일을 계획할 때 자신이 가야 할 길을 선명하게 그려 보면, 원하고자 하는 바를 이룰 가능성이 훨씬 높아진다. 내가 가야 하는 길을 모르면 무엇을 해야 하는지도 잘 모를 수 있다. 하고 싶은 것이 있을 때 내가 갈 길을 선명하게 그려 마스터플랜을 세우면, 원하는 바를 이룰 수 있는 강력한 기반이 된다.

　마스터플랜은 '꿈과 진로를 멀리 내다보고 그에 다다르기 위해 시기별로 세워 놓은 명확한 목표와 구체적인 계획'을 말한다. 어디로 가야 할지 알려 주는 전체의 방향키이며, 연간 계획, 월간 계획, 주간 계획도 모두 마스터플랜을 기초로 한다. 공부를 잘하기 위한 마스터플랜을 시기별 테마로 나누어 가장 핵심적인 부분을 명확한 목표로 잡고, 꼭 이루어야 할 것들을 구체적인 계획에 적어 보았다.

〈초1~중3 마스터플랜〉

시기	테마	명확한 목표	구체적 계획
초1~4	베이스	기초 기본 교육 충실	• 책 읽기에 가장 집중하기 • 국어, 영어, 수학, 예체능, 한자 골고루 (영어 시간 가장 많이) 공부하기 • 매일 규칙적인 공부 습관 만들기 • 초3부터 수학 공부 시간 점차 늘리기 • 주말엔 체험 학습 참여하기 • 일기 쓰기
초5~6	임팩트	꿈과 진로 세우기	• 책 읽기, 국어, 영어 골고루 공부하기 • 꿈과 관련된 각종 대회, 경시 도전하기 • 수학 심화 공부 늘리기, 과학 공부 시작하기 • 가끔 체험 학습, 때론 캠프도 참여하기 • 영재원(인문, 영어, 과학, 정보) 도전하기 • 꿈과 진로 정하기
중1~2	퍼펙트	자기 주도 공부 습관 완성	• 내신 성적 올 A 목표로 자기 주도 공부 습관 완성하기 • 진로와 관련된 교내 동아리, 대회, 축전 참가하기 • 학교생활 기록부에 기록될 독서 활동, 봉사 활동, 자율 활동, 진로 활동에 적극 참여하기 • 수학, 과학 공부 늘리기(KMO, 중학생 물리대회, 중학생 화학대회, 정보올림 피아드 도전은 선택)
중3	올인	꿈과 진로 확립하기	• 내신 성적 올 A 목표로 자기 주도 공부 습관 유지 • 진로와 관련된 교내 동아리, 대회, 축전 참가하기 • 수학, 과학 공부에 집중하기 • 학교생활 기록부를 검토하여 부족한 부분 채우기 • 영재 학교, 과학고 도전(또는 대학 목표 명확히 하기)

초등학생 때는 스스로 배우고자 하는 열망은 강하지만 잘 실천하는 방법은 모를 때이므로, 엄마의 도움이 필요하다. 가장 좋은 방법은 함께 책 읽고, 함께 공부하는 '집공부' 환경을 만들어 주고, 함께 체험 학습을 다니는 것이다. 아이들 공부할 때 엄마도 함께 자격증도 따고, 엄마가 하고 싶은 공부를 하면 "책 읽어라.", "공부해라."라는 지시적인 말보다 훨씬 효과가 있다. 일기 쓰기도 함께 일기를 써서 서로 바꾸어 보면 더 잘 쓰게 된다.

초등학생 때 엄마와 함께 책 읽고 공부하면서 쌓은 습관은 중학생이 되기 전 반드시 자기 스스로 계획을 세워 공부할 수 있도록 주도권을 넘겨야 한다. 이때 자신의 미래를 위해 스스로 공부하고, 열정적으로 스토리를 만들어 가기 위해서는 하고 싶은 강한 열망과 명확한 진로를 가져야 하는데, "하고 싶은 게 없어요.", "뭘 해야 되는지 모르겠어요.", "왜 공부해야 되죠?"라는 학생들이 많은 것을 보면 이 부분이 가장 어려운 것 같다. 하고 싶은 열정과 스스로 도전하는 용기, 지속적으로 실천하는 힘은 어떻게 만들 수 있을까?

마스터플랜의 성공적 실천을 위한 마중물 붓기

1 꿈과 진로에 좋은 영향을 줄 사람과 만남의 기회를 갖는다.
2 꿈을 따라 해 본다.
3 '꿈과 진로 포트폴리오'를 만들어 본다.
4 아이를 존중하고 신뢰해 준다.

첫째, 꿈과 진로에 좋은 영향을 줄 사람과 만남의 기회를 갖는다.
학교와 집을 오가는 평범한 일상을 벗어나 '만남의 기회'를 갖다 보면, 자

녀의 꿈과 진로에 영향을 줄 다양한 인물, 책, 경험을 만날 수 있다. 학교 선생님, 친구, 이웃, 우연히 만난 유명 인사에게서 좋은 이야기를 들을지도 모른다. 학교 진로 프로그램이나 체험 학습에서 '앗! 이건 진짜 재미있다. 나랑 딱 맞아.'라고 느낄 수도 있다. 책을 읽다가 주인공의 멋진 스토리에 감명을 받을 수도 있다. 다양한 만남의 기회는 자녀가 무엇을 좋아하는지, 무엇을 잘하는지 알아볼 수 있고, 긍정적인 사람, 좋은 경험과의 만남은 꿈과 운에 좋은 영향을 끼친다.

둘째, 꿈을 따라 해 본다.

꿈이 어느 정도 정해지면 그 꿈을 따라 해 보도록 한다. 과학자가 꿈이라면 실험 키트를 사다가 집에서 실험을 해 봐도 되고, 문화 센터의 실험 교실에 다니거나 학원의 과학 수업을 들어도 된다. 과학 만화책, 잡지책, 백과사전 등을 보며 과학자가 연구하는 것처럼 과학에 대해 알아 가는 것도 '따라 해 보기'이다. 역할놀이를 해 볼 수도 있고, 직업 체험관에 가서 체험을 할 수도 있다. 과학자가 되고 싶어 열심히 공부하는 친구를 따라 하는 것도 좋다. 미스터트롯의 정동원 가수가 유튜브를 보고 따라 하면서 가수의 꿈을 키운 것처럼, '따라 해 보기'는 꿈을 생생하게 그려 볼 수 있는 좋은 방법이다.

셋째, '꿈과 진로 포트폴리오'를 만들어 본다.

지금까지의 체험 활동과 경험을 모아 '꿈과 진로 포트폴리오'를 만들어 본다. 초5~6학년 정도에 하는 것이 가장 좋은데, 그 이전엔 아직 경험이 많이 쌓이지 않았을 때이고, 중학생이 되면 조금 늦기 때문이다. 포트폴리오에 정해진 양식이 있는 것은 아니다. 클리어파일을 하나 정해서 일기도 모으고, 사진도 모으고, 입장권도 모으고, 수료증이나 상장들도 모아서 꿈과 목표를 명확히 하도록 한다. 리한이는 자신의 꿈을 위해 출전한 대회와 각종 시험들의 수험표를 모았는데 30여 개나 되었다. 무엇 하나 테마를 정해서 모으면, 그게 포트폴리오가 되고 꿈을 명확히 하는 나만의 자산이 될 수 있다.

넷째, 아이를 존중하고 신뢰해 준다.

마스터플랜을 잘 세웠더라도 계획을 실천하는 과정에는 언제나 실패가 있기 마련이다. 로봇 공학자가 되고 싶어 로봇대회에 나갔으나 입상하지 못할 수도 있고, 내신 성적 올 A가 목표였으나 한두 과목에서 B나 C를 받을 수도 있다. 자기 주도 공부 습관을 기르고 싶었으나 집중력이 없거나 우울해서 공부가 싫을 수도 있다. 그럴 때 가장 필요한 것이 '존중과 신뢰'이다. 자신에 대한 스스로의 존중과 신뢰, 부모가 아이에게 주는 무한한 존중과 신뢰가 함께할 때 마스터플랜의 성공을 위한 마중물 붓기가 완성된다.

> "마스터플랜 실천에 가장 중요한 것은 스스로의 존중과 신뢰,
> 부모의 존중과 신뢰이다."

나는 자녀 교육의 마스터플랜을 잘 지원하고 있는가?

나에게 해당하는 문장에 ☑표 하세요.

☐ 초등 저학년 때 언어 공부에 비중을 많이 두려고 생각한다.

☐ 국어나 한자 공부도 영어만큼 중요하다고 생각한다.

☐ 어릴수록 골고루 공부하는 것이 좋다고 생각한다.

☐ 초등 저학년 때 매일 규칙적으로 공부하는 습관을 들이는 것이 좋다고 생각한다.

☐ 초등 고학년으로 갈수록 수학 공부를 늘리는 것이 좋다고 생각한다.

☐ 가능하다면 자주 체험 학습을 데려가려고 한다.

☐ 책으로 간접 경험을 갖는 것이 매우 좋다고 생각한다.

☐ 배우고 싶은 것을 자녀 스스로 선택해서 배우게 한다.

☐ 자녀의 꿈을 존중한다.

☐ 자녀가 꿈에 관련된 경험을 많이 할 수 있도록 도와줄 예정이다.

☐ 자녀에게 꿈에 대한 명확한 목표를 세우도록 안내한 적이 있다.

☐ 명확한 목표에 대한 공부 계획을 세울 수 있도록 안내한 적이 있다.

☐ 자녀는 공부 계획을 세우고 실천하는 편이다.

☐ 자녀가 학교나 학원 숙제를 꼭 하는 습관을 가지도록 돕고 있다.

☐ 자녀의 공부 시간에 옆에서 함께 책을 읽거나 공부 환경을 만들어 주는 편이다.

☐ 자녀의 공부 계획이 잘 지켜지지 않을 때 잔소리보다는 격려하고 기다려 주는 편이다.

☐ 영재원이나 영재 학교, 과학고 같은 중간 목표를 가질 수 있도록 기회를 주는 편이다.

☐ 자녀 교육에 관한 장기적인 플랜을 가지고 있다.

☐ 초등 고학년으로 갈수록 공부 주도권을 자녀가 갖는 것이 좋다.

☐ 자기 주도 공부 습관 형성이 가장 중요하다고 생각한다.

14개 이상

아주 잘하고 계세요. 발달 단계에 따른 공부 적기에 대해 잘 알고 계시고, 자녀가 공부 습관을 가질 수 있도록 잘 지원하고 계세요. 꿈과 진로 포트폴리오를 만들어 보고 꿈과 목표에 더 다가갈 수 있도록 해 보아요.

8개 이상 13개 이하

보통이에요. 공부의 적기에 대해서도 알고 있고, 자기 주도 공부 습관을 갖는 것이 좋다는 것을 알고 있으나 계획을 세우고 실천하는 습관, 공부 환경 만들기 등이 아직 부족해요. 명확한 목표를 세우고 꿈을 더 선명하게 그려 보아요.

7개 이하

조금 더 분발하세요. 공부의 적기, 자기 주도 공부 습관의 중요성 등은 알고 있으나 실천이 아직 부족한 단계예요. 장기적인 계획을 구상하기보단 매일 규칙적으로 공부하는 습관을 기르는 것부터 해 보세요.

"내가 꼭 실천하고 싶은 한 가지를 골라 적어 보세요."

〈참고 도서〉

《부모코칭(내 아이를 행복한 천재로 만드는 비밀)》, 우수명 저, 아시아코치센터

《아이를 바꾸는 학습코칭론》, 이강욱 저, 토담미디어

《화내는 부모가 아이를 망친다》, 매튜 맥케이 등저, 구승준 역, 한문화

《똑똑한 아이로 키우는 부모들의 대화기술》, 이희경 저, 산호와진주

《비폭력 대화》, 마셜 B. 로젠버그 저, 캐서린 한 역, 한국NVC센터

《오바마 이야기》, 헤더 레어 와그너 저, 유수경 역, 명진출판

《긍정의 힘》, 조엘 오스틴 저, 정성묵 역, 두란노

《긍정심리학》, 마틴 셀리그만 저, 김인자, 우문식 공역, 물푸레

《꿈을 이루는 6일간의 수업》, 조우석, 김현정 공저, 한언

《스티브 잡스 아저씨의 세상을 바꾼 도전》, 최은영 글, 정진희 그림, 주니어김영사

《행복의 조건》, 조지 베일런트 저, 이덕남 역, 이시형 감수, 프런티어

《행복이란 무엇인가》, 탈 벤 샤하르 저, 왕옌밍 편, 김정자 역, 느낌이있는책

《THE ANSWER 해답》, 존 아사라프, 머레이 스미스 공저, 이경식 역, 랜덤하우스코리아

《아이의 재능에 꿈의 날개를 달아라》, 박미희 저, 폴라북스

《김연아의 7분 드라마》, 김연아 저, 중앙출판사

《만화로 읽는 아들러 심리학1》, 이와이 도시노리 저, 황세정 역, 까치

《만화로 읽는 아들러 심리학2》, 이와이 도시노리 저, 황세정 역, 까치

《만화로 읽는 아들러 심리학3》, 이와이 도시노리 저. 황세정 역, 까치

《청소년을 위한 이기는 습관》, 전옥표 저, 쌤앤파커스

《가슴이 시키는 일》, 김이율 저, 판테온하우스

《존 아저씨의 꿈의 목록》, 존 고다드 저, 임경현 역, 이종옥 그림, 글담어린이

《직관(내 안의 숨은 1%를 깨우는 마법의 힘)》, 은지성 저, 황소북스

《직관력은 어떻게 발휘되는가》, 엘프리다 뮐러-카인츠, 크리스티네 죄닝 공저, 강희진 역, 타커스

《하버드 부모들은 어떻게 키웠을까》, 로널드 F 퍼거슨, 타샤 로버트슨 공저, 정미나 역, 웅진지식하우스

《10대를 위한 자기주도학습 실천노트》, 정형권 저, 더메이커

《펠레의 새옷》, 엘사 베스코브 저, 김상열 역, 비룡소

《너는 특별하단다》, 맥스 루카도 저, 세르지오 마르티네즈 그림, 고슴도치

《금메달은 내 거야》, 토어 프리먼 글·그림, 이재원 역, 미래엔아이세움

《끈기짱 거북이 트랑퀼라》, 미하엘 엔데 저, 만프레드 쉴리터 그림, 보물창고

《어린 왕자》, 앙투안 드 생텍쥐페리 저, 황현산 역, 열린책들

《하버드 성공학 특강》, 정형권 저, 사색의 나무

《리딩으로 리드하라》, 이지성 저, 문학동네

《플라톤이 들려주는 이데아 이야기》, 서정욱 저, 자음과모음

《카네기 인간관계론》, 데일 카네기 저, 최염순 역, 씨앗을 뿌리는 사람

《잠들기 전 10분이 나의 내일을 결정한다》, 한근태 저, 랜덤하우스코리아

《기적을 만드는 사람 나폴레온 힐》, 정형권 편, 밥북

《원씽 THE ONE THING》, 게리 켈러, 제이 파파산 공저, 구세희 역, 비즈니스북스

《회복탄력성》, 김주환 저, 위즈덤하우스

《(나와 우리 아이를 살리는) 회복탄력성》, 최성애 저, 해냄

《내 치즈는 어디에서 왔을까?》, 스펜서 존스 저, 공경희 역, 인플루엔셜

《아들러 박사의 용기를 주는 자녀교육법》, 호시 이치로 저, 김현희 역, 이너북

《미움받을 용기 2》, 기시미 이치로, 고가 후미타케 공저, 전경아 역. 인플루엔셜

《아들러 심리학을 읽는 밤》, 기시미 이치로 저, 박재현 역, 살림출판사

《거꾸로 교실 거꾸로 공부》, 정형권 저, 더메이커

《거꾸로 학습코칭》, 정형권 저, 더메이커

《메타인지 공부법》, 서상훈, 유현심 공저, 성안북스

Foreign Copyright:
Joonwon Lee
Address: 3F, 127, Yanghwa-ro, Mapo-gu, Seoul, Republic of Korea
         3rd Floor
Telephone: 82-2-3142-4151, 82-10-4624-6629
E-mail: jwlee@cyber.co.kr

두 아이 의대 맘이 전하는
초등 필수 공부템

2023. 2. 22. 초 판 1쇄 인쇄
2023. 3. 8. 초 판 1쇄 발행

지은이 | 김민주
펴낸이 | 이종춘
펴낸곳 | [BM] ㈜도서출판 **성안당**
주소 | 04032 서울시 마포구 양화로 127 첨단빌딩 3층(출판기획 R&D 센터)
     | 10881 경기도 파주시 문발로 112 파주 출판 문화도시(제작 및 물류)
전화 | 02) 3142-0036
     | 031) 950-6300
팩스 | 031) 955-0510
등록 | 1973. 2. 1. 제406-2005-000046호
출판사 홈페이지 | **www.cyber.co.kr**
ISBN | 978-89-315-5901-9 (13590)
정가 | **16,000원**

이 책을 만든 사람들
기획 | 최옥현
진행 | 오영미
교정·교열 | 김태희
표지 디자인 | 임흥순
본문 디자인 | 김주영
홍보 | 김계향, 유미나, 이준영, 정단비
국제부 | 이선민, 조혜란
마케팅 | 구본철, 차정욱, 오영일, 나진호, 강호묵
마케팅 지원 | 장상범
제작 | 김유석

■ **도서 A/S 안내**

성안당에서 발행하는 모든 도서는 저자와 출판사, 그리고 독자가 함께 만들어 나갑니다.
좋은 책을 펴내기 위해 많은 노력을 기울이고 있습니다. 혹시라도 내용상의 오류나 오탈자 등이
발견되면 "좋은 책은 나라의 보배"로서 우리 모두가 함께 만들어 간다는 마음으로 연락주시기
바랍니다. 수정 보완하여 더 나은 책이 되도록 최선을 다하겠습니다.
성안당은 늘 독자 여러분들의 소중한 의견을 기다리고 있습니다. 좋은 의견을 보내주시는 분께는
성안당 쇼핑몰의 포인트(3,000포인트)를 적립해 드립니다.
잘못 만들어진 책이나 부록 등이 파손된 경우에는 교환해 드립니다.